组群模式
在植物造景中的应用

叶乐 编著

化学工业出版社
·北京·

组群模式是一种植物规划设计的方法。本书从规划设计的角度出发，以植物生态学为基础，摆脱植物设计单一的平面视角，从美学和心理学的视角建立起平面、立面、透视三维设计的新模式，有效将设计思路贯穿于整个环境建设过程中。

　　本书分六章。第一章主要阐述中国园林尤其是古典园林对世界园林的影响。第二章通过对乡土植物群落、古人山水画技法以及古典园林植物配置的浅析，提出植物组群模式的概念。第三章阐述植物组群模式的配置方式。第四章从植物组群模式的立意、空间、层次、季相、品种等方面阐述设计方法。第五章阐述植物组群模式在实际设计项目中的应用。第六章阐述植物组群模式应用的前景。

　　本书更多的是偏重于设计方法的介绍，可作为园林规划设计、植物造景设计师或者业余爱好者学习的辅助材料。

图书在版编目（CIP）数据

组群模式在植物造景中的应用 / 叶乐编著 . —北京：
化学工业出版社，2019.6
ISBN 978-7-122-34039-9

Ⅰ.①组… Ⅱ.①叶… Ⅲ.①园林植物-景观设计
Ⅳ.①TU986.2

中国版本图书馆CIP数据核字（2019）第041370号

责任编辑：李　丽　　　　　　　　　　　　装帧设计：关　飞
责任校对：张雨彤

出版发行：化学工业出版社（北京市东城区青年湖南街 13 号　邮政编码 100011）
印　　装：天津画中画印刷有限公司
787mm×1092mm　1/16　印张 12　字数 316 千字　2019 年 7 月天津第 1 版第 1 次印刷

购书咨询：010-64518888　　售后服务：010-64518899
网　　址：http://www.cip.com.cn
凡购买本书，如有缺损质量问题，本社销售中心负责调换。

定　　价：98.00 元

"绿化绿化，绿化就是文化"——陈从周。

植物是有生命的有机体。园林建设离不开对植物素材的运用。在如今强调自然生态和文化自信的形势下，如何挖掘中国传统园林植物造景的精髓，服务于现代风景园林建设，提高城乡植物景观的营造水平是一个十分重要而值得研究的课题。

基于 1986 年前的教材出版的《园林艺术及园林设计》（孙筱祥），用了近三分之一的篇幅，详细阐述了园林设计中植物种植设计的方式和方法，其中创造性地提出树丛的配置方法，并以明末清初画家龚贤的画论作为植物配置的指导，此举开创了中国传统园林向现代园林演变的先河。

1994 年出版的《植物造景》（苏雪痕），作者从植物的环境生态适应性和配置的艺术性方面出发，结合自然群落种间关系的研究，对广州、杭州、北京等地植物造景进行了科学的分析和艺术的评价，并对植物景观在建筑环境、室内庭院，以及植物在水体环境、道路环境中的作用进行了详细的论述，是一部具有里程碑意义的园林植物方面著作。

随着各地园林绿化建设步伐的加快，植物造景作为造园的重要因素备受重视。不同类型的环境空间出现了复杂多样化的绿地类型，不同的绿地类型就会有不同的使用功能。但是面对多样的绿地类型，植物景观营造的方式和方法显得非常滞后，甚至处在盲目状态。

在如今强调生态文明与文化自信的形势下，如何提高园林植物造景的营造水平，如何"在继承中创新、在创新中继承"，真正创造出有中国特色的新时代风景园林，显得尤为重要。

植物组群的概念第一次由浙江大学孙靖在研究生论文——《组群模式在居住区植物造景中的应用研究》中提出。征得孙靖本人同意，本书再次引用植物组群模式的概念，并通过分析其与植物群落的区别，明确内涵，同时进一步探讨了植物组群的分类形式。园林植物组群模式的系统研究，对于丰富城市园林景观、提高植物造景的物种多样性和人居绿化水平等均有重要的理论意义和实践应用价值。

通过总结分析，从植物组群与总图规划的关系、植物组群的立面景观设计、色彩与季相设计、地形设计以及植物组群与施工的关系等几方面探讨了园林植物组群的设计方法，阐述了植物组群模式在居住区空间、城市道路、城市公园中的应用特点。

笔者结合居住区、道路、公园的项目实践，运用植物组群模式的设计方法，进一步验证了植物组群模式在园林规划设计中的实用性、生态性、艺术性，旨在为植物景观的设计、施工、管理提供系统的理论指导。

最后还要感谢参与本书编写的各位同仁。本书试图将植物配置的方法贯穿至园林设计、施工的整个过程，因此，编撰过程近5年时间。这期间得到了诸多同事、同行的帮助与协作。他们分别是蒋相明、周柔倩、胡鸿斐、毛河东、武诚程、孙彪、吴彭霞、熊倩倩、孙一强、马建丹、方一吉、任芳芳、吴婷、孔维旭、陈佳南、严智腾、郑红娟等。

由于著者水平所限，文中不妥之处敬请广大读者批评指正。

著者
2019 年 1 月

第 一 章
引言

第二章
植物组群模式的概念及内涵

第三章
植物组群的配置方式

第四章
植物组群模式的设计

第五章
组群模式应用案例

第六章
结语与展望

第 一 章

引 言

1.1　植物景观研究概述

纵观园林发展的历史，任何一个时代的园林，其目的都是为人服务的，而其形式与风格取决于该时代人们的生活方式、文化取向、宗教信仰及经济技术水平。

对于东西方植物造景的异同，全书不再赘述。全书着重从中国园林的发展脉络上分析中国一脉相承的园林植物造景的特色。

1.1.1　中国古典园林植物造景

东方园林以中国园林为盛。东方园林景观以自省、含蓄、蕴藉、内秀、恬静、淡泊为美，重在情感上的感受和精神上的领悟。哲学上追求的是一种混沌无象、清静无为、天人合一和阴阳调和，与自然之间保持着和谐的、相互依存的融洽关系。对自然物的各种客观的形式属性如线条、形状、比例、组合，在审美意识中不占主要地位，却以对自然的主观把握为主。空间上循环往复，峰回路转，无穷无尽，以含蓄的藏的境界为上。其中某些流派如日本园林景观还将禅宗的修悟渗入到一草一木，一花一石之中，使其达到佛教所追求的悟境，在一个微小的庭院里营造出内心的天地，即所谓的"一花一世界，一树一菩提"，其抽象意味的浓重已达到了一种超出五感的直接与自然相溶的默契，把人引向内省幽玄的神秘境界。

我国的古典园林历经几千年的发展，已取得了辉煌的成就，造园艺术，到宋代就已达到了极高的艺术水平。清代中叶以后，更是中国园林史上集大成的终结阶段，现存的古典园林基本上都是这个时期的作品。

西周至春秋时期，我们从闻名中外的《诗经》中可知此时园林植物主要是为人们提供生产、生活资料，其中桃、李、棠棣、木瓜、梅等已成为众人喜爱的观赏花木。据载：吴王夫差曾造梧桐园（今江苏吴县），会景园（在浙江嘉兴），记载中说："穿沿凿池，构亭营桥，所植花木，类多茶与海棠，"这说明当时造园及花木配置已具相当高的水平。战国时期，屈原《离骚》载有："朝饮木兰之坠露兮，夕餐秋菊之落英"，这里已明确提到木兰与菊花已成为观赏植物。

魏晋南北朝时，随着自然山水园林的出现，人们对植物在园林中的造景也愈加讲究。《洛阳伽蓝记》中记载："居川林之饶，争修园宅，……重楼起雾，高台芳榭，家家而筑，花林曲池，园园而有，莫不桃李夏绿，竹柏冬青"。竹林七贤墓室砖画（图1-1）将人与植物刻画得栩栩如生。画面上每棵树形态均不相同，树形、姿态如同现代绘画的素描作品，真实而富有情趣。

图1-1 魏晋南北朝时期竹林七贤墓室砖画（局部）

　　隋唐时期是我国封建社会的兴盛时期，同时也是园林的全盛时期。在唐明皇的宫苑图中（图1-2），植物配置有木芍药、千叶桃花，后苑有花树，兴庆池畔有醒醉草，太液池中栽千叶白莲，太液池岸有竹数十丛；唐朝政府对城市街道绿化十分重视，居民分片包干种树，"诸街添补树……价折领于京兆府，乃限八月栽毕"。主要街道的行道树以槐树为主，间植榆、柳；皇城、宫城内则广种梧桐、桃树、李树和柳树。据此，可以设想长安城内城市绿化是十分出色的（图1-3~图1-5）。

图1-2 宫苑图（唐 此图描写唐朝皇帝及侍臣们在离宫别苑中游赏的情况）

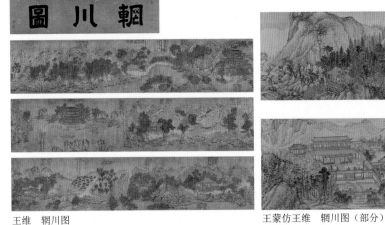

王维 辋川图

王蒙仿王维 辋川图（部分）

图1-3 辋川图（局部）（唐 王维）

2　　组群模式在植物造景中的应用

图1-4 笼袖骄民图（南唐 董源）　　　　　图1-5 笼袖局部放大图

　　宋元明初时期为我国园林的成熟前期，造园时对花木的选择栽植，利用园林植物造景已形成其独特的风格：造园时十分注意利用绚丽多彩、千姿百态的植物，且注意一年四季的不同观赏效果，乔木以松、柏、杉、桧等为主，花果树以梅、李、桃、杏为主；花卉以牡丹、芍药、山茶、琼花、茉莉等为主，临水植柳，水面植荷渠，竹林密丛等植物配置，不仅起绿化作用，更多的是注意观赏和造园的艺术效果（图1-6～图1-8）。

图1-6 清明上河图（局部1）（北宋 张择端）

图1-7 清明上河图（局部2）（北宋 张择端）

明清时期随着园林的日趋成熟，造园时对植物的配置及造景，积累了许多丰富的经验。清代中期园林，因建筑物增多，花木不可能密集种植，因此改为同种植物少数植株进行丛植，如丛桂之内，不以其他花木杂之。或采用几种花木少数植株进行群植，如在粉墙前面竖以湖石，再配置芭蕉、翠竹和其他花木，使富于诗情画意，或在大树周围用砖石砌成花坛，杂莳各种花卉，或在漏窗、景窗前配置园林植物，使之构成一幅幅生机盎然的图画。尤其在庭园中还运用盆花以弥补永久性灌木景观缺乏变化的不足，开花季节，选择佳种，置于台阶回廊两侧，或置于客厅、书斋内，使园景更加美丽而又不失季相变化（图1-9～图1-12）。

图1-8 山水（元 倪瓒）

图1-9 避暑山庄图（清 冷枚）

图1-10 春山图（清 龚贤）

图1-11 且听寒响图（明 圣谟）

图 1-12　拙政园

1.1.2　中国现代园林植物造景

清后期鸦片战争至 1949 年的 100 多年间，中国真正的园林建设是停滞的。1953 年建成的杭州花港观鱼公园（图 1-13），由孙筱祥先生亲自设计，至今依然是现代城市公园的经典（图 1-14～图 1-27）。

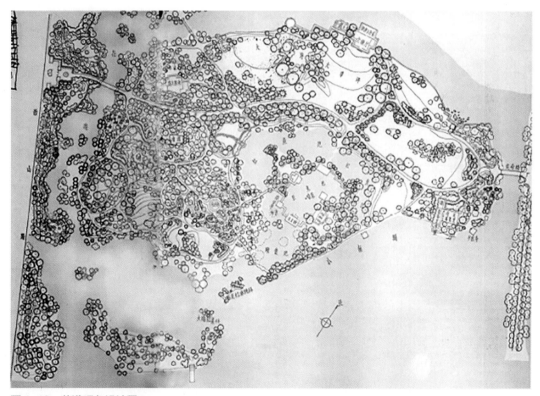

图 1-13　花港观鱼设计图

图 1-14　大草坪与文娱厅

图 1-15　由金鱼园进口北望

图 1-16　牡丹亭初建情况

图 1-17　航拍照片 1

图 1-18　航拍照片 2

图 1-19　航拍照片 3

图1-20 雪松大草坪1

图1-21 雪松大草坪2

图1-22 藏山阁1

图1-23 藏山阁2

图1-24 藏山阁3

图1-25 竹廊

图1-26 牡丹园节点前园路

图1-27 红鱼池

组群模式在植物造景中的应用

进入 21 世纪，随着人民生活水平的提高和对环境建设的重视，园林建设呈爆发式发展。而快速的城市化也带来建设项目尤其是植物景观营造方面的一些盲目和混乱，设计方、建筑方和施工方都缺乏大尺度园林植物造景的方法和经验，缺少规范和依据的指导，很多新建的园林只能以硬质景观的新奇取胜，忽视了植物造景这一非常重要的因素。

1.1.3　中国古典园林植物造景对世界的影响

中国古典园林在唐宋以后达到高潮，不论是造园技艺还是园林植物的配置方法都处在世界领先水平。往东对日韩园林的形成影响巨大，往西传入西域最远到达罗马，但真正影响深远的还是在 18 世纪初。古老的中国被迫接受不平等条约，各方列强强取豪夺，其中自然有些关于中国古典园林的造园形式被西方列强所模仿。其中受影响较大的是肯特和威廉·钱伯斯。

威廉·肯特 William Kent（1685~1748 年），唯美主义者、画家、造园师和建筑师，他是 18 世纪后半期风景式庭园进入全盛期的先导者。他的资助者柏林顿爵士从意大利天主教传教士马太奥·里帕（Matteo Ripa）那里得到了他从中国带回的可能是一本，也许是两本 36 张的热河（今承德）皇家园林的风景铜版画画册。一本后来保存在大英博物馆。虽然没有任何记载，但笔者认为丝毫不必怀疑，肯特肯定看见过这本铜板画册，甚至他还保存过这第二本。这样一来，这点燃的火花已迸发到肯特的身上。康熙皇帝是 1703 年开始建造承德这个皇家园林的，并在 1711~1712 年写了 36 首诗赞美它。他让画家沈源用插图装饰这些诗。马太奥·里帕就是根据这些画（这期间也许还经历过加工成中国木刻画的过程）（图 1-28），制成他那精致的铜板画册的。今天，人们不得不认为，幸亏威廉·肯特只看到了一个园子的 36 张画，因为它没有导致把中国的园林风格作为一种模式接收过来。但肯特所看到的已使他明了，如果这种再创作是以绘画的角度进行的话，那么通过仔细地观察一处风景，就不难将它移植到园林中来。英国，或者更确切地说是欧洲的风景式园林的时代就这样开始了。

图 1-28　避暑山庄 36 景图之一版画

英国人钱伯斯，他根据多年在东印度公司工作的机会，游历中国各地，回国后整理出版他在中国的所见所闻——《东方造园论》。由他主持兴建的园林如丘园（Kew Garden），保留了浓重的中国古典园林的元素（这些元素大都是钱伯斯想象出来的，并没有严格地考证）。这种中国风的园林形式给欧洲园林带来一股新风，并进而形成英中式园林（图1-29～图1-32）。

图1-29　英国风景园

图1-30　英国丘园（Kew Garden）卫星图

图 1-31　英国海德公园

图 1-32　英国海德公园卫星图

现代风景园林之父奥姆斯特德，1850 年与弟弟约翰一起出航前往英国。在与利物浦隔着麦西河相对的海德公园，奥姆斯特德对蜿蜒的步道、点缀着岩石与错落树木的开阔草地大为激赏，他惊艳于设计者竟能如此高明地"用艺术从自然中汲取这许多美景"。返回美国后，奥姆斯特德先后完成近 100 个项目，遍布美国，成为现代风景园林的源头，最著名的有纽约中央公园、波士顿翡翠项链（图 1-33~图 1-37）。

图1-33 美国纽约中央公园

图1-34 美国纽约中央公园卫星图（局部）

图1-35　美国首都华盛顿街景1

图1-36　美国首都华盛顿街景2

图 1-37 美国波士顿绿道街景

　　以上关于威廉·肯特、钱伯斯、奥姆斯特德对造园艺术的贡献，是笔者经过阅读大量相关人物传记后得出的一家之言，并没有经过充分的实证和研究。但是中国古典园林讲求意境和空间变化的植物造景模式被介绍到西方后，与西方社会自由奔放的价值观相融合，与近现代的生态科学相结合，最终形成了现代风格的园林特色。因此，可以毫不夸张地说，现代园林的发展在美国、根在中国。

1.2　植物景观营造的研究进展

　　现今对于植物景观设计的理论和实践研究十分丰富，笔者在阅读大量文献的基础上，对植物景观营造研究进展进行了提炼总结：

1.2.1　第一本园林设计营造专著问世

　　《园林艺术与园林设计》（孙筱祥）是新中国成立以来第一本系统阐述在园林设计与营造方面的专著。全书分三篇章从园林理论基础、园林种植设计、园林设计方面系统阐述园林规划设计的方式和方法。全书共 258 页，园林种植设计部分有 92 页，占全书近 40%。该部分重点介绍了用树丛、树群作为植物造景手法的详细的配置方法，具有极强的艺术价值和实践意义。

1.2.2　植物造景基本概念的提出

　　《植物造景》（苏雪痕）提出了植物造景的基本概念，并阐述了植物造景的生态适应性和构图艺术性。对植物的结合组景上，分别就湖、池、溪涧、泉以及堤、岛、水畔、水面的植物造景进行论述。适用的植物种类以著名城市的名园为实例，作了生动的描述。本书对建筑与植物的结合组景上，强调了建筑与植物的结合要相互因借，相互补充，在形式、体量、色彩上相互协调，还具体到建筑的门、窗、墙、角隅的植物配植和造景手法。

1.2.3　从实际出发指导植物景观设计

《植物景观设计教程》（柳骅）结合植物景观实例，介绍了植物的选择与配置、植物的功能、观赏特性及造景作用；同时从实际应用出发，用国内外大量实例图，展示不同风格与特点的植物景观设计思路、方法与实践。《植物景观设计教程》共 8 章，主要内容包括植物景观设计概述、植物景观设计的构成要素、植物景观设计的内容、植物景观设计原理、植物景观设计的原则与实施、植物景观的造景设计、植物景观设计表达，植物景观设计实例等。通过学习这些内容，读者可以将植物本身和植物形成的空间特征应用到景观设计之中。

1.2.4　植物在文明与自然间营造多样空间

《植物设计（风景园林专业）》（《designing with plants》，[德国] 雷吉娜·埃伦·韦尔勒，汉斯 – 约尔格·韦尔勒）中讲，植物是一种可以用来塑造室外空间的有生命的天然材料，它与我们都市文明中日益变化的技术环境形成了鲜明的对比和反差。由于植物能够营造氛围，因此树、灌木以及草本植物可以在文明与自然之间的灰色地带营造出多种多样的室外空间。植物设计会遇到很多不同的情况，比如为私家住宅做设计，为大型建筑物设计庄重的场地环境，为一个城市去设计包含公共空间、步行空间、公园、通向城市的绿化道路、休闲娱乐区、墓地以及认养绿地在内的复杂的绿色空间体系等。

1.3　植物景观营造的发展方向

1.3.1　以自然为主体

人类的城市无非是在大自然中开辟出来的适合现代人生活、工作的场所。因此城市建设必然以更大区域的自然风景为主体，把城市环境的设计变成对自然这一主体设计的发展和延伸。大地景观、城市生态格局的规划、可再生材料的运用等都是以自然为主体的规划思想在建设领域的有益尝试。

1.3.2　以生态为核心

1.3.2.1　植物配置应以生态学理论作指导

植物作为具有生命发展空间的群体，是可以容纳众多野生生物的重要栖息地，只有将人和自然和谐共生的生态理念运用在植物造景中，设计方案才更有可持续性。因此，绿地设计要求以生态学理论为指导，以人与自然共存为目标，达到平面上的系统性、空间上的层次性、时间上的相关性。

1.3.2.2 遵循自然界植物群落的发展规律

植物造景中栽培植物群落的种植设计，必须遵循自然植物群落的发展规律，构建生态保健型植物群落。人工群落中植物种类、层次结构，都必须要遵循和模拟自然群落的规律，才能使景观具有景观性和持久性。

1.3.2.3　加强对植物环境资源价值的运用

城市中大范围存在的人工植物群落在很大程度上能够改善城市生态环境，提高居民生活质量，同时为野生生物提供适宜的栖息场所。设计师应在熟知植物生理、生态习性的基础上，了解各种植物的保健功效，科学搭配乔木、灌木等植物，构建和谐、有序、稳定的立体植物群落。

1.3.3　以地域为特征

城市中园林植物文化是城市精神内涵不可或缺的重要部分，植物造景要突出地方风格，体现城市独特的地域历史传统和人文特征。

1.3.3.1　注重对市花市树的应用

市花市树是受到大众广泛喜爱的，同时是比较适应当地气候条件和地理条件的植物。它们本身所具有的象征意义为该地区文明的标志和城市文化的象征。在城市绿化建设中，利用市花市树的象征意义与其他植物或小品、构筑物合理配置，不仅可以赋予城市浓郁的文化气息，还体现了城市独特的地域风貌，同时也满足了市民的精神文化需求。

1.3.3.2　注重对乡土树种的运用

乡土树种是适应本地区自然地理条件而长期留存的植物，反映了区域植被对历史件的适应性，植物造景强调以乡土树种为主，充分利用乡土植物资源，不仅可以保证树种对本地生态条件的适应性，而且能形成较稳定的具有地方特色的植物景观，既可以充分利用土地，提高绿地的生物量，又可以利用乡土植物造景反映地方季相变化，更重要的是易于管理，降低管理费用，节约绿化资金。植物配置设计中注重对乡土树种的运用，也体现了设计者对当地文化的尊重和提炼。

1.3.4　以场地为基础

建设场地有共性和有差异性。分布于城市中的各类绿地有公园绿地、城市道路绿地、滨水绿地、居住区绿地、湿地等，而且每块绿地又有许多的使用功能，休憩、游览、观赏、教育等不一而足。植物景观的营造都要仔细分析每块绿地的定位和功能，再到使用人群的使用频率，设计出符合要求的植物景观。

1.3.5　以空间为骨架

景观是由实体和空间两部分组成的，空间是风景园林设计的核心。所有景物都属于某个彼此紧密相连的空间体系，并以此把景观空间与实体区分开来。 空间的特性来自该空间与其他空间的相互关系。在一个空间内部，如果继续以该空间的边界为参照的话，还应存在着一些亚空间，又与其亚边界相联系。因此，风景园林设计不能轻易地破坏各种景观边界在空间中存在的形态。景观空间具有一定的扩展能力，它们以某种方式与邻里空间共同存在、同被欣赏，形成某种空间联合体。植物景观既可以是营造空间的主体，又可以丰富空间中的主体，也可以连接相互关联的空间。

1.4 本书的研究重点

1.4.1 研究对象与方法

本书选取了杭州、苏州、上海几个城市公园进行了实地调研，包括花港观鱼、太子湾公园、苏州拙政园、上海延中绿地，以及几个居住区如桂花城、翡翠城、万家花城、盛世钱塘、春江花月等。在充分调研的基础上，进行比较分析，提出了植物组群模式的概念，从植物组群与总体设计的关系、与建筑布局的体量关系、与使用功能的关系、与立面形态的关系，以及色彩与季相设计、地形设计等方面探讨了园林植物组群模式的设计方法，阐述了植物组群模式在居住区绿地、城市道路、城市公园中的应用特点，从而优化植物景观结构，使配置的植物在该植物组群中的生态效益、景观效果、美学价值等诸方面达到最佳。

同时本书结合江苏盐城钱江方洲、海宁大道、嘉兴禾城世纪花园二期的项目实践，进一步验证了运用植物组群模式进行植物景观设计的实用性、科学性、生态性，旨在为植物景观的设计与建设提供系统的理论指导。

1.4.2 研究目的和意义

近年来，植物景观的设计建设越来越注重景观性与生态性的结合与统一，关于植物景观设计的理论研究，也一直没有间断，主要集中在对不同空间植物景观营造的研究以及植物景观的属性研究等方面。对于园林植物群落的研究也多局限于生态效益、物种多样性等方面。而通过对植物景观建设案例的比较分析，明确界定植物组群模式定义及类型，并从美学角度系统探讨植物组群模式的配置与应用，总结常用植物组群模式的文章较少。

鉴于此，本书对于园林植物组群模式的系统研究具有必要性和重要性。针对目前多数人对于植物群落概念的含混与滥用，书中首次提出了植物组群模式的概念，对其内涵及演化进行了深入剖析，具有理论创新性。本书试图从方法论的角度，以组群模式作为阐述植物造景的方法，将以往比较抽象的造景方式采用一种直观、清晰的方法来描述，便于行业人员的理解和深入探讨。杭州的古典园林保存较好，园林植物风貌在现代园林建设中具有很强的延续性，本书以杭州地区为重点展开园林植物组群实例调查，具有可行性与探索意义。同时，以植物组群的体量与尺度设计、立面景观设计、色彩与季相设计、微地形设计为出发点，展开对植物组群的配置手法与应用方式的研究，对指导植物景观建设、完善中国现代植物造景具有重要的价值和积极的意义。

第二章
植物组群模式的概念及内涵

2.1 植物组群模式概念的提出

我们从乡土植物群落和中国古典风景园林中找到植物造景的规律，创造性地提出"植物组群模式"的概念，以进一步指导我们的植物规划设计。

2.1.1 研究乡土植物群落

植物造景可以从当地丰富的自然风景资源中寻找灵感。自然风景资源包括当地特殊地质地貌资源、水文资源、丰富的植被资源等。自然民居条件的原生植物群落历经自然法则的优胜劣汰，有许多可借鉴的地方。

当下的许多园林设计的植物选择都是根据人的功利性进行取舍的。生态学上把这种不顾自然种群组成而建立起来的群落称为"零模型群落"，这种群落结构不稳定、管理成本高、抵抗力弱。

经过岁月检验的自然民居中原生植被充分展现植物生长环境特点，并表现其适应特征。城市环境中的植物景观可以通过在园林场地中模拟、利用和改造植物原生环境，从而建立更加稳定的群落结构。

通过调查江南地区自然民居条件下的原生植被群落结构，分析群落中植物间的相互关系，乡土植物群落有以下几个特征：

① 各地区各种不同的植物群落常有不同的垂直结构层次，这种层次的形成是依植物种的高矮及不同的生态要求形成的。

② 往往居于群落顶层的是落叶高大乔木，而常绿阔叶植物居于群落中间。

③ 通常群落的多层结构可分五个基本层：大乔木层、乔木层、灌木或地被层及草坪层。

如图 2-1，图 2-2 位于图片中心的群落大致由五层组成，最高的水杉（20 米左右），其次是枫杨（约 16 米），接下来是香樟（自然生长的香樟胸径 25 厘米，高度约在 9 米左右，如果种植过密，会造成顶端优势而长得特别高），再是桂花等大灌木或小乔木（高度在 3~4 米），再下面是杂生的一些灌木。这是一种很典型的长三角地区的村落植物组群。

2.1.2 模仿山水画技法

中国自古造园和作画总是融为一体的，据大多数的造园主人会邀请名画家参与园林的建造。在中国造园者不是花匠，而是画家和诗人，这在一定的程度上为中国园林在建造手法上汲取中

图2-1 摄于桐乡1

图2-2 摄于桐乡2

国文人写意画的精髓——题材、文心、写意、经营布置等奠定了基础，总的来说，中国古典园林是一种空间与时间的综合艺术，既有静态空间布局，又有动态空间序列布局，清代画家龚贤（图2-3）在《画诀》中写道"学画先画树，后画石"，"一株独立者，其树必作态，下覆式居多"，"二株一丛，必一俯一仰，一敧一直，一向左一向右，一有根一无根，一平头一锐头，二根一高一下"，"三树一丛，第一株为主树，第二树三树为客树"，"四树一丛添叶式：此四树一丛，三树相近，一树稍远。添叶子最要浓浓澹澹，始有分别。且其中要一纵一横，如扁点横也，下垂叶纵也，纵者直也。半菊头纵之类，松针叶横之类，不纵不横，夹圈圆点子也"。原来古时的画家兼造园家早就对与园林中的植物造景有很深的研究（图2-4，图2-5）。

图2-3 春山图（清 龚贤）

图 2-4 且听寒响图（局部）

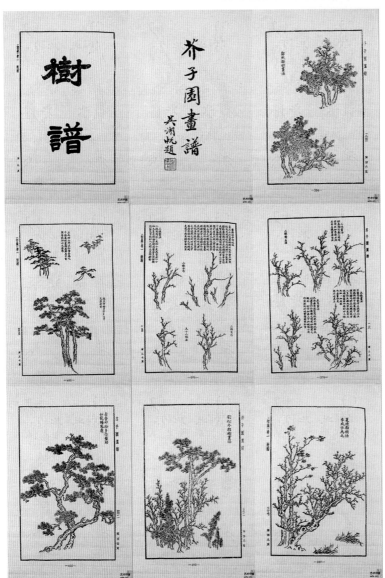

图 2-5 芥子园画谱

在中国传统绘画的熏陶下，中国造园营造的是在有限的空间中创造无限的意境，呈现人为参与动态轴下的中国文人写意画，所以说，中国造园理在作画、意在赏心，中国古典园林在一定程度上可以被视为一幅三维的中国传统文人画。如元代倪瓒的山水，他在山水画境中仿佛把树当成人一样，三五成群，或俯首帖耳、或顾盼生姿，这种拟人化的绘画方法一方面除展现画境中树丛本来的自然关系外，很重要的是画家要表现一种随性、自然、和谐、散淡文人心境，而同时这些文人画家也把山水画的构图技巧渗入到造园中。

2.1.3　学习古典园林植物配置

拙政园（图2-6，图2-7）建于明代正德四年（1509年），是中国四大名园之一，占地5.2公顷（1公顷＝$1×10^4$米^2）。初为唐代诗人陆龟蒙的住宅，元朝时为大弘（宏）寺。明正德四年（1509），明代弘治进士、明嘉靖年间御史王献臣仕途失意归隐苏州后将其买下，聘著名画家、吴门画派的代表人物文徵明参与蓝图设计，历时16年建成，借用西晋文人潘岳《闲居赋》中"筑室种树，逍遥自得……灌园鬻蔬，以供朝夕之膳（馐）……此亦拙者之为政也，"之句取园名。暗喻自己把浇园种菜作为自己（拙者）的"政"事。园建成不久，王献臣去世，他的儿子在一夜豪赌中，把整个园子输给徐氏。504年来，拙政园屡换园主，曾一分为三，园名各异，或为私园，或为官府，或散为民居，直到上个世纪50年代，才完璧合一，恢复初名"拙政园"。拙政园全园占地78亩（52000米^2），分为东、中、西和住宅四个部分。

图2-6　拙政园

景点名称	植物名称	个体数/株	高度/米	胸径/厘米	冠幅/米	密度/株·(100米²)⁻¹	投影盖度/%	综合优势比
浮翠阁	桂花	19	2.7~4.5	8~30	2.3~3.5	1.97	11.2	0.965
	香樟	1	15	70	14	0.10	16	0.525
	小叶黄杨	7	2.2~6	8~20	2.5~4.2	0.73	6.8	0.315
	朴树	2	10~15	30~33	8~12	0.21	17	0.26
	毛白杨	2	9.5~10	31~32	6.5	0.21	6.9	0.255
	榉树	3	6~11	15~26	5~8	0.31	11.3	0.23
	国槐	1	15	43	11	0.10	9.9	0.215
	圆柏	4	4~5	9~13	1.8~4.5	0.42	2.7	0.155
	柿树	1	10	22	6.5	0.10	3.4	0.075
	罗汉松	1	3	9	2.3	0.10	0.4	0.035
枇杷园	枇杷	20	2~3.5	5~20	1.7~4.5	1.41	10.7	0.575
	枫杨	1	13	130	7	0.07	2.72	0.525
	糙叶树	1	16	52	10	0.07	5.54	0.105
	朴树	1	15	51	12	0.07	7.98	0.1
	梧桐	1	16	33	10	0.07	5.54	0.055
	圆柏	1	12	30	10	0.07	5.54	0.05
	榔榆	1	6.5	20	6	0.07	1.99	0.035
	小叶黄杨	1	3.5	7	1.8	0.07	0.18	0.0265

图2-7　拙政园内部浮翠阁与枇杷园植物配置调查（引自《苏州拙政园六景点植物配置现状的群落学分析》夏玉兰　郝日明）

文徵明先后5次绘写园景，今存作于嘉靖十二年（1533年）的《拙政园图》册，为绢本大册，描绘了若墅堂、梦隐楼等三十一处景。同年，除绘图外，文徵明为各景点题诗一首，分别用小楷、隶书写在各景的对页上。"记、诗、图出自一人之手，此人又是享有盛名的文徵明，这是园林史上从未有的盛世。"（图2-8，图2-9）（高居翰等.《不朽的林泉：中国古代园林绘画》）

图2-8　《拙政园图咏》1（明　文徵明）

图2-9 《拙政园图咏》2（明 文徵明）

　　文震亨，文徵明曾孙，一生雅号林泉，生活在诗画园林中，喜游园、咏园、画园，善园林设计，诗画园林构成他的全部生活。《长物志》是文震亨有关园林艺术生活的代表性理论文集。《长物志》中的花木卷列举了园林、庭院中常见的四十种观赏植物，详细描述了这些花木的生长习性、园林审美、景观配置等，提出了园林植物景观配置的原则："如庭院中、栏杆旁，应当是虬枝枯干、品种各异，枝叶茂盛，疏密有致。或水畔石旁，横逸斜出；或一望成林，或一枝独秀。草木不可繁杂，随处种植，使其四季更替，景色不断。"

2.1.4　参照现代园林植物设计

　　杭州花港观鱼，为杭州西湖十景之一。

　　花港观鱼公园位于苏堤南段以西，在西里湖与小南湖之间的一块半岛上。南宋时有一条小溪从花家山经此流入西湖，这条小溪就叫花溪。当时，内侍官卢允升在花溪侧畔建了一座山野茅舍，称为"卢园"。园内架梁为舍，叠石为山，凿地为池，立埠为港，畜养异色鱼类，广植草木。因景色恬静，游人萃集，雅士题咏，被称为"花港观鱼"（图2-10，图2-11）。时称卢园又以地近临花家山而名"花港"。期间宫廷画师创作西湖十景组画时将它列入其中，由此而名声远扬。古时这里只有一池、一碑、三亩地。后经扩建，全园面积近三百亩。今日的花港观鱼是一座占地二十余公顷的大型公园，微风过处，沿池岸花木落英缤纷，飘浮于水面，好一幅"花著鱼身鱼嗫花"的动人画图，无人不起羡鱼之情（图2-12）。

图2-10 《花港观鱼》（南宋，1127~1279，台北故宫博物院藏）

图2-11 《花港观鱼》（明，1368～1644）

图2-12 《花港观鱼》（清，1644~1911）沈德潜编纂《西湖志纂》

康熙三十八年，皇帝玄烨驾临西湖，照例题书花港观鱼景色，刻石建碑于鱼池畔。后来乾隆下江南游西湖时，又有诗作题刻于碑阴。碑分为阳文和阴文双面，是康熙和乾隆祖孙两个皇帝分别题的字，这在我国碑林史中仅此一块。乾隆作诗有："花家山下流花港，花著鱼身鱼嘬花"之语。

20世纪50年代初，花港观鱼只有一池、一碑、三亩地。后政府拨款分别于1952年和1955年进行了两次大规模的整修，形成了目前这座占地面积达20多万平方米的大型公园。当时设计和建造过程非常的艰难。当初的花港观鱼设计者——孙筱祥教授应用"在继承中不断地创新，在创新中不断地继承"这一设计理念，继承和吸收了中国古典园林之精华，同时积极借鉴日本、英国、德国等国家的造园艺术，设计出中国园林代表性作品花港观鱼公园（图2-13~图2-17）。

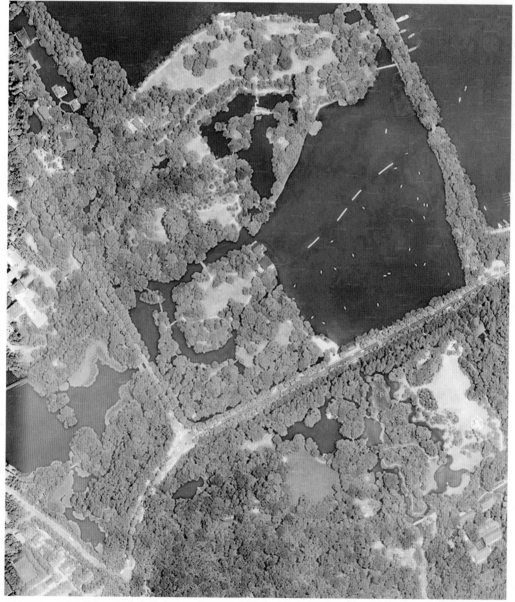

图2-13　花港观鱼卫星图

图2-14 花港观鱼藏山阁节点局部

图15 藏山阁草坪平面图

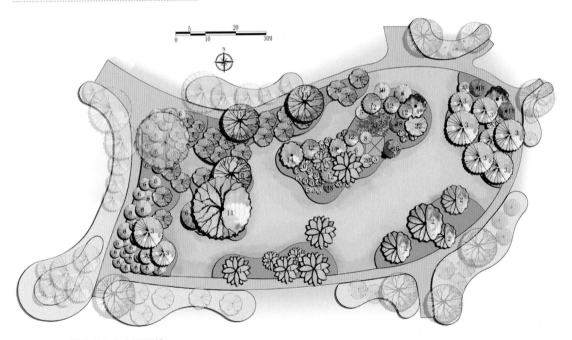

图2-15 花港观鱼藏山阁手绘

图 2-16　花港观鱼藏山阁照片 1

图 2-17　花港观鱼藏山阁照片 2

　　有关花港观鱼公园植物景观营造的论文非常多，笔者认为，以植物的组群模式布置的空间结构是该公园植物景观营造的核心特点。

2.1.5 植物组群和植物组群模式

2.1.5.1 植物组群（plant group）

植物组群指在园林绿地空间中由一个（单一组群）或多个（复合组群）人工植物群落所构成的植物组合群体（图2-18~图2-22）。它是参考自然界中的植物群落营造的植物群体，其自身的生长发展比较稳定，且能够形成稳定的微环境。

图2-18 江南私家园林中的植物组群

图2-19 现代滨水绿地中的植物组群

图 2-20　现代居住区内的植物组群

图 2-21　现代城市道路的植物组群

图 2-22　现代城市公园的植物组群

2.1.5.2　植物组群模式（plant group pattern）

植物组群模式是一种以植物组群为单位，对园林绿地中的空间组成和植物品种进行科学、合理地规划和设计的造景形式（图 2-23～图 2-30）。

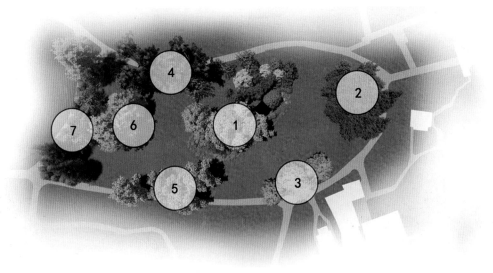

图 2-23　典型宅间植物组群

图 2-24　2、3 号组群形成 1 号组群的框景

图 2-25　3、5 号组群形成 1 号组群框景

图 2-26　5、7 号组群形成 6 号组群框景

图 2-27　1 号组群立面

图 2-28　1 号组群左侧立面

图 2-29　1 号组群右侧立面

图 2-30　1 号组群近景

2.1.6　植物组群模式特点

2.1.6.1　植物组群模式以植物群落为配置对象

植物组群模式不是以单一的植物个体来设计和配置，而是以植物的群落为基本单位来规划设计绿地中的空间组成，然后根据环境特征确定群落中的植物品种。

2.1.6.2　植物组群模式兼具空间设计和品种设计的要求

植物组群模式摆脱传统植物设计中偏重于平面设计的模式，是将植物设计方法转移到平面、立面、透视三维设计的新模式。它既考虑空间的组成，又关注植物品种之间的合理搭配，同时考虑了植物本身与周边的关系。

2.1.6.3　植物组群模式能够将设计的思路贯穿于工程实施中

设计师多维视角的设计思路和方法，有助于项目在方案阶段更加合理、成熟，从而将设计的理念贯穿于后期的施工过程中，有助于施工单位对整体景观尤其是植物景观营造的把握。

在如今大多数的绿地植物景观建设与研究中，园林植物的设计和营造一直处于粗放管理的状态。无论是建设单位、设计单位或是施工单位，对于植物景观的建设大多凭的是个人感觉和喜好，而没有一定的理论支持和设计依据，更缺乏与之对应的方式方法。

笔者试图从规划设计的角度出发，以植物生态学为基础，借助美学和心理学的要求，摆脱植物设计单一的平面视角，建立起平面、立面、透视三维设计的新模式，有效将设计思路贯穿于建设过程中。

2.2　植物组群的类型

2.2.1　按数量特性划分

2.2.1.1　单一组群

一般由单一的乔木或灌木单独种植，下层仅有地被而形成的植物组群（图 2-31～图 2-38），我们称之为单一组群。

单一组群植物品种的配置相对简单，一般由高大乔木与地被或草坪组成，这就是平常所描述的孤植树。

图 2-31　居住区内的单一组群 1

图 2-32　居住区内的单一组群 2

图 2-33　公园内的单一组群 1

图 2-34　公园内的单一组群 2

组群模式在植物造景中的应用

图 2-35　道路旁的单一组群 1

图 2-36　位置示意图

图2-37 位置示意图

图2-38 道路旁的单一组群2

2.2.1.2 复合组群

一般由多种乔、灌、草搭配种植，模仿自然的植物群落而形成的植物组群，我们称之为复合组群（图2-39~图2-45）。

根据所配置植物品种的丰富程度，又可分成单层植物组群、双层植物组群、多层植物组群。

图2-39 复合组群俯视

图 2-40 平面位置示意图

图 2-41 复合植物组群（透视）

图 2-42　公园内典型的复合组群

图 2-43　小区内典型的复合组群

　组群模式在植物造景中的应用

图 2-44　滨水复合植物组群

图 2-45　平面位置示意图

复合植物组群会形成各种类型的空间，在单一的组与组之间会形成类似于"借景""框景""障景"的效果（图2-46）。

图2-46　飘枝树的"框景"效果

2.2.2 按体量特性划分

植物组群的体量参照主干树的高度衡量。

2.2.2.1 乔木型植物组群

主干树为高度在 6 米及以上的乔木（图 2-47）。

图 2-47 乔木型植物组群

2.2.2.2 灌木型植物组群

主干树为高度在 1.5～6 米的小乔木或大灌木（图 2-48）。

图 2-48 灌木型植物组群

2.2.2.3 地被型植物组群

没有明显主干树，以草坪或地被植物为主的1米以下的植物组群（图2-49）。

图 2-49 地被型植物组群

2.2.3 按层次特性划分

2.2.3.1 双层植物组群

具有两个层次的植物组群，如疏林草地具有乔木层和草坪层（图2-50）。其景观效果疏朗通透、清新大方。

图 2-50 双层植物组群

2.2.3.2 多层植物组群

具有 3~5 个层次的植物组群，如大乔木层、乔木层、大灌木层、地被层、草坪层，具有良好的生态功能和景观效果（图 2-51，图 2-52）。

图 2-51 多层植物组群

图 2-52 典型滨水多层植物组群

通过调查显示，多层植物组群的尺度多是平面布局多为边长 7~10 米的三角形；立面为高7~10 米，底边 8~12 米的不等边三角形。

2.2.4　按平面布局形式划分

2.2.4.1　点状

单一组群模式多为点状布局，以主干树为中心，配置乔木、灌木、地被植物，在平面上形成稳定的三角形。点状布局多应用于面积较小的绿地中，可用于绿地的边缘或者一侧，不宜布置于绿地中央（图 2-53）。

图 2-53　点状植物组群及位置示意

2.2.4.2　带状

带状布局方式可应用单一组群或者复合组群，以一组或者多组主干树为中心，配置乔木、灌木、地被植物，平面上为线形布置，可营造曲折的林缘线，形成疏密有致的植物空间（图 2-54，图 2-55）。带状布局多应用于道路绿地或者狭长的宅间宅旁绿地。

图 2-54 带状植物组群

图 2-55 位置示意图

2.2.4.3　围合

围合布局方式多应用复合组群，依附园林绿地边缘，以多组主干树为中心，配置乔木、灌木、地被植物，平面上呈围合状，可营造曲折的林缘线，形成丰富开敞的植物空间。围合布局多应用于面积较大、开敞的中心绿地（图2-56～图2-59）。

对于高层住宅和多层住宅而言，具有俯视角度，因此植物景观的平面布局效果尤为重要，往往通过点状、带状、围合等平面布局方式，组织以半私密空间为主的植物空间，满足居民的视觉需要和活动需求。

图2-56　围合状植物组群1及位置示意

图 2-57　围合状植物组群 2

图 2-58　围合状植物组群 3 及位置示意

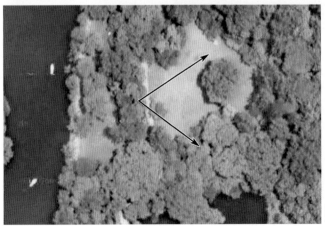

图 2-59　围合状植物组群 4 及位置示意

第三章
植物组群的配置方式

3.1 植物组群的形态和质感

全世界至少有150000种乔木和灌木。乔灌木是构成植物景观的主体，可作为园林中其他植物材料的骨架和背景。不同的植物种类具有不同的形态、体量、质地和色彩，因而植物景观设计就是从丰富多彩的树种中选择所需要的、适宜的乔木或灌木，通过合理的配置，将它们组合在一起，共同形成特色、优美的景观。

本章节主要对中国华东地区常见的园林乔灌木的外观形态做汇总分析，根据植物的外观形态（高度、叶色、花色）和生理特征研究，总结出若干适于生长的植物组合，以指导植物的规划设计。

3.1.1 植物的形态

这里的植物形态指的是植物的整体外观形态，如伞形、卵圆型、塔形等，而不是研究植物的发育、形态与结构的植物形态学内容。

在植物组群的配置中，植物的形态是构景的基本因素之一。植物的外形存在很大差异，按照不同的配置方式可形成各种不同的空间。植物组群配置中，可以运用不同树形的植物种类，形成丰富的组合，与住宅建筑相互协调。

树的外在形态会给人不同的感官刺激，有尖塔状及圆锥状树形者，多有严肃端庄的感受；柱状狭窄树冠者，多有仪式庄重的效果；圆钝、钟形树冠者，多有雄伟浑厚的效果；而一些伞形、垂枝类型者，常形成优雅、散淡的气氛（图3-1）。

单一外观形态是植物的外观轮廓特征。多数植物有较相似的外观特征，但仔细比较仍不会相同。熟练掌握植物的外观特征后，有助于在整体植物景观设计中更好地灵活运用。

不管在自然环境还是在人工园林，植物总是成组、成群的出现，这是因为植物有"群居"的特性。不同的植物有不同的生态位和光线需求，而且有些植物的组合甚至能够互相影响。掌握多种植物的组合形态和方式（图3-2～图3-4），能够更好地理解和运用组群模式的方法。

在杭州市园林植物组群中，应用较多的形态组合有（大乔木 - 小乔木 - 灌木 - 灌木球或小灌木 - 草坪、地被）：广卵形 - 伞形 - 球形 - 拱枝形；倒钟形 - 广卵形 - 风致形 - 丛生型；棕榈形 - 拱枝形 - 丛生形；尖塔形 - 广卵形 - 风致形 - 球形；圆锥形 - 丛生形；广卵形 - 垂枝形 - 球形 - 拱枝形。

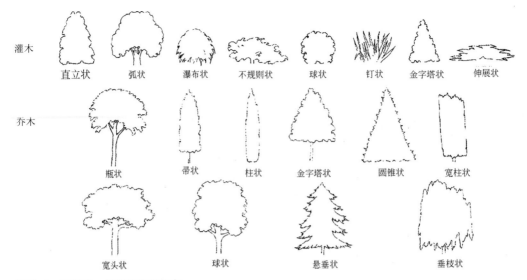

灌木　直立状　弧状　瀑布状　不规则状　球状　钉状　金字塔状　伸展状

乔木　瓶状　帚状　柱状　金字塔状　圆锥状　宽柱状

宽头状　球状　悬垂状　垂枝状

图 3-1　常见单一植物的外观形态

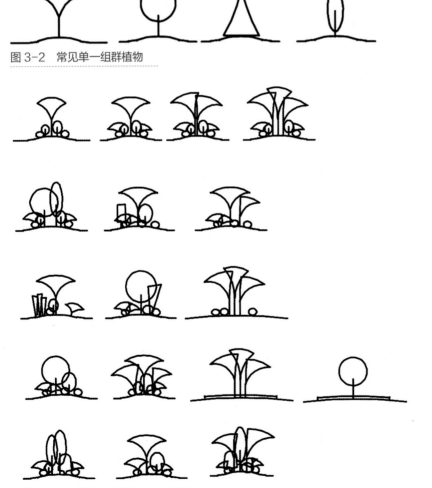

图 3-2　常见单一组群植物

图 3-3　常见复合组群植物组合的形态 1

图 3-4　常见复合组群植物组合的形态 2

每种形态组合常用的植物种类分别为：

（1）广卵形 – 伞形 – 球形 – 拱枝形

该形态组合的代表植物种类为：香樟 – 无患子 – 桂花 – 云南黄馨。

可替代植物种类为：香樟 – 合欢 – 灌木球（海桐、红花檵木、火棘球等）– 云

南黄馨；广玉兰 – 无患子 – 桂花 – 云南黄馨；栾树 – 合欢 – 杨梅 – 金钟花；朴树 – 合欢 –

垂丝海棠 – 金钟花。

（2）广卵形 – 垂枝形 – 球形 – 拱枝形

该形态组合的代表植物种类为：香樟 – 垂柳 – 垂丝海棠 – 云南黄馨。

（3）倒钟形 – 广卵形 – 风致形 – 丛生型

该形态组合的代表植物种类为：银杏 – 香樟 – 樱花 – 杜鹃。

可替代植物种类为：榉树 – 国槐 – 红枫 – 金丝桃；银杏 – 杜英 – 鸡爪槭 – 南天竹。

（4）尖塔形 – 广卵形 – 风致形 – 球形

该形态组合的代表植物种类为：雪松 – 栾树 – 樱花 – 海桐

（5）棕榈形 – 拱枝形 – 丛生形

该形态组合的代表植物种类为：棕榈 – 云南黄馨 – 杜鹃

（6）圆锥形 – 丛生形

该形态组合的代表植物种类为：水杉 – 杜鹃；水杉 – 金丝桃。

研究植物形态的组合，更重要的目的在于分析在不同的环境和场景中，运用不同的植物组群，形成空间，进而形成视线的廊道，为使用者提供丰富的视觉体验（图 3-5～图 3-7）。在中国古典园林中常用的各种造景手法如"框景""障景""借景"，实际上就是各种不同的植物组群在各种环境中的组合应用（图 3-8～图 3-11）。

图 3-5 单一组群植物照片

图 3-6 复合组群植物组合照片 1

图 3-7　复合组群植物组合照片 2

图 3-8　花港观鱼牡丹亭前园路两侧植物形成的"框景"的效果

图 3-9　牡丹亭前园路植物形成的"框景"效果

图 3-10　长桥公园草坪空间"框景"效果

图 3-11　乔木列植形成的"夹景"效果

3.1.2　植物组群的质感

质感是人的视觉以及触觉感受，是一种心理反应。植物质感不是单一不变的，是随着植物本身的生长发育和周围环境的变化，或者观赏者以及观赏者心境的变化而变化。不同的植物有各自不同的形态特征，其高度、花果密度、花叶色彩等都会影响植物的整体质感。如榆树、木槿、朴树等比较粗放；银杏、茶花、黄杨、菊花则属于中等；而柽柳、桂香柳、黄栌、桂花等则比较精细。另外，植物单独某个部分如树皮、叶、花、果等由于其不同的形状和质地，其质感也有差异。如重瓣榆叶梅树皮黑褐色并且反卷比较粗放，而三球悬铃木的树皮薄片状剥落之后有灰褐色斑块，则显得光滑细腻；另外，构树的叶片大而粗糙，小叶黄杨叶片则厚实有光泽更显精细。除了植物材料本身的质感特征外，观赏距离、人工修剪、环境光线以及其他景观材料的质感特征等也会影响植物材料的质感。

3.1.2.1　植物组群的质感要与建筑相协调

植物组群的质感设计时，要考虑与住宅建筑的协调。对于粗犷的建筑外立面，应选用叶片较大、叶面较粗糙、枝干浓密粗壮、生长疏松的粗质树，如梧桐、七叶树、枫杨、泡桐、广玉兰等（图 3-12）；对于精致细腻的建筑外立面，应选用叶片较小、小枝较多且整齐密集的细质树，如郎榆、合欢、水杉等（图 3-13）。同时还要适当考虑植物组群与住宅建筑的质感对比，以突出植物的景观效果（图 3-14）。

图 3-12　厚重的植物质感

图 3-13　细腻的植物质感

图 3-14　宾馆入口植物组群

3.1.2.2　植物组群的质感设计要突出重点，营造有特色的质感效果

重点突出的质感设计更加具有艺术冲击力，有利于形成不同植物组群模式的鲜明特色，有利于增加植物景观的趣味性和可识别性。例如：水杉的整个树冠纤细致密，具有柔软、秀美的效果；而枸骨则具有坚硬多刺、剑拔弩张的效果；地肤茎叶细密，颜色黄绿，又是那么娇柔，这些都因其有特色的质感而吸引人。

细叶型植物（叶片较细小的植物）比较柔和，如小叶黄杨、六月雪、小叶栀子花等，外观上常有大量的小叶片和稠密的枝条，看起来柔软纤细。可大面积运用细叶型的植物来加大空间伸缩感，也可将其作背景材料，显示出整齐、清晰、规则的气氛（图 3-15）。粗叶型植物（叶片相对较大的植物）比较粗放，如海桐、大叶黄杨、八仙花等，外观上有清晰的较大形状叶片，容易给人粗放、有力量的感觉。粗叶型植物用于稍远离人视线的地方，用于填充角落；或与细叶型植物搭配（图3-16），种在视角近处，加强对比效果。处于两者之间的是中叶型植物，如春鹃、红花檵木、金叶女贞等，因此这些植物在园林绿化中用途最广（图3-17）。

图3-15　入口的复合植物组群

图3-16　植物组群细部植物配置

图 3-17 单一组群跟脚细部处理

3.1.2.3 植物组群的质感设计要过渡自然，比例适当

景观设计是在一个特定的空间完成的。在一个特定范围内，质感种类太少，容易给人单调乏味的感觉；但如果质感种类过多，其布局又会显得杂乱。有意识地将不同质感的植物搭配在一起，能够起到相互补充和相互映衬的作用，使景观更加丰富耐看。大空间中可稍增加粗质感植物类型，小空间则可多用些细质型的材料。粗质型植物有使景物趋向赏景者的动感，使空间显得拥挤，而细质感植物有使景物远离赏景者的动感，会产生一个大于实际空间的幻觉。

均衡地使用粗质型、中粗型及细质型三种不同类型的植物，才能使植物组群赏心悦目。质感种类少，布局显得单调，但若种类过多，又会显得杂乱。对于宅间宅旁绿地中较小的空间来说，这种适度的种类搭配十分重要（图3-18~图3-20）。

图 3-18 复合组群的灌木质感

图 3-19　粗叶型和细叶型植物组合，增强质感

图 3-20　粗叶型和细叶型植物组合，加强对比

在考虑植物组群的质感搭配时，不同质地的植物之间要运用中粗型植物进行过渡，避免过于突兀，从而使布局显得凌乱。另外应当协调粗质型植物与细质型植物的比例，避免植物组群轻重失衡（图 3-21）。

图 3-21 过多的细叶组合远观可能会感觉杂乱

3.1.2.4 植物组群的质感设计要与空间大小相适应

空间大小不同，不同质感植物所占比重应不同。空间大的绿地应布置较多的粗质型植物，空间会显得充实和谐；空间小的绿地应布置较多的细质型植物，空间会显得精致开敞。

近距离可以观察单株植物质感的细部变化（图 3-22），较远则只能看到植物整体的质感印象（图 3-23），更远的距离则只能看到不同植物群落质感的重叠、交织。环境中光线强弱和光

图 3-22 近处视角的植物质感

图 3-23 远观视角的植物质感

线角度的不同也会产生不同的质感效果。强烈的光线使得植物的明暗对比加强，从而使得质感趋于粗糙；相反，柔和的光线使得植物的明暗对比减弱，质感趋于精细。

如果是在大尺度的空间中，超远距离的视角，植物在细节上的表现就可以忽略（图3-24～图3-26）。

图3-24　在超大尺度中，植物的细节可忽略，重在感受组群的空间感1

图3-25　在超大尺度中，植物的细节可忽略，重在感受组群的空间感2

图 3-26 在超大尺度中，植物组群的空间

植物的质感是植物重要的观赏特性之一，却往往不被人们重视。它不像色彩最引人注目，也不像形态、体量为人们所熟知，却是一个能引起丰富的心理感受，在植物景观设计中起着重要作用的因素。

3.1.2.5 植物组群的质感设计要与其他特性相协调

在进行植物组群的质感设计时，要结合植物组群的立意，统筹植物组群的体量、形态与季相、色彩等特性，以便达到最好的植物景观效果。如果一个布局中立意要突出某种个体的姿态或色彩，那么其他个体宜选用质地较为纤细、在景观上不过分突出的植物种类作为衬托更为合适。

3.2 植物组群的配置方式

植物造景的基本模式就是"组群模式"。简单来讲就是"平面分组，化整为零；立面分层，有机组合"。

借鉴乡土植物群落特征，在进行植物造景时，应注重场地空间之间的关系，注重竖向植物层次的搭配。利用适宜的乔、灌、地被的混合配置，列出适宜的组群模式，再结合使用空间的分割及联系，以及建筑立面的形态，有序组合不同的植物组群，使整体绿化空间更具自然的节奏。

楼盘植物造景有快速成景的特点，因此在植物配置时要注意掌握各类乔灌木在不同生长时期的树形特征。如有些速生植物如在幼年时用作灌木密植，势必给将来植株长大后的发展空间带来限制。

3.2.1 平面分组，化整为零

楼盘的绿地空间在经过建筑和室外道路的分割以后，一般形成不同形状。在强调整体绿化风格的前提下，不管绿地形状如何，绿化种植的群落应尽量划分成以组为单位的树丛，并以组为单位进行绿化设计。

3.2.1.1　组群平面

绿地组群的设计以满足小区户外使用功能为前提。一般小区绿地在经过景观规划后，会形成若干形状如块状、带状、三角形状、L形等绿地形状。经过笔者对多个小区的现场调查，单一绿化组群比较适合的尺寸一般是从7米×5米×4米到17米×13米×10米的平面空间。

不同尺度的绿地可根据绿地所处周边建筑环境特征，通过若干组单位组群序列组合成具有某种使用功能的植物组群空间（图3-27~图3-32）。

图3-27　植物组群划分的空间1

图3-28　植物组群划分的空间2

图 3-29　植物组群划分的空间 3

图 3-30　植物组群划分的空间 4

图 3-31　植物组群划分的空间 5

图 3-32　植物组群划分的空间 6

3.2.1.2　组群高度

绿地组群的高度指的是位于组群中最高植物的高度。绿地组群的高度可根据所处绿地类型和周边建筑环境来定。通常多层住宅之间的绿地由于受采光和宅间距的影响，组群不会太高，一般不超过9米，且大乔木宜选择落叶树。而高层住宅绿地一般有较大的宅间距，同时考虑到与建筑体量的协调，可采用较高的植物组群，16米甚至更高都可（图3-33～图3-37）。

图3-33　植物组群的高度——形成主景1

图3-34　植物组群的高度——形成主景2

图 3-35　植物组群的高度——形成天际线 1

图 3-36　植物组群的高度——形成天际线 2

图 3-37　多个植物组群形成相互呼应的空间关系

3.2.1.3　组群容量

绿地组群的容量指的是单一组群内部所能够容纳的植物品种数量。单一组群的植物容量有限，一般单一绿化组群中，7米×5米×4米的组群可配置1~2棵乔木或大乔木，3株常绿小乔木或大灌木，3株落叶小乔木或大灌木，3~5个灌木球。17米×13米×10米的组群可配置1~3株大乔木，5~7棵乔木，5~7株常绿小乔木或大灌木，5~7株落叶小乔木或大灌木，11~15个灌木球。

绿地组群的容量数值并不绝对，最主要的是要和整体设计思路吻合，与周边建筑协调（图3-38~图3-42）。

图3-38　公园小体量复合组群

图 3-39　公园中型复合植物组群 1

图 3-40　公园中型复合植物组群 2

　组群模式在植物造景中的应用

图 3-41　公园大型复合植物组群 1

图 3-42　公园大型复合植物组群 2

3.2.2 立面分层，有机组合

一般楼盘植物配置最多可按大乔木层、乔木层、小乔木或大灌木层、小灌木或地被层、草坪层五个层次来划分（图3-43，图3-44）复合植物组群五层结构如下。

图3-43 公园复合植物组群——五层结构

图3-44 公园复合植物组群——四层结构

（1）顶层——大乔木　大乔木层又称骨架层，是构成整个小区绿化顶层高度的层次，高度一般在12~16米。常用的有榉树、朴树、紫花泡桐、珊瑚朴、七叶树、香椿、臭椿等。

（2）上层——乔木　乔木层仅次于骨架层，是构成小区绿化林冠线变化的主要力量，高度一般在6~10米。常采用的树种有：广玉兰、合欢、薄壳山核桃、枫香、香樟、梧桐、无患子、楸树、乌桕、喜树、枫杨等。

（3）中层——亚乔木、大灌木　小乔木层又叫大灌木层，是形成小区绿量以及季相变化的主要手段，高度一般在1.5~4.5米。常采用的树种有：桂花、枇杷、石楠、含笑、樱花、红枫、鸡爪槭、玉兰、山茶、油茶、厚皮香、大叶冬青等。

（4）下层——地被　小灌木又叫地被层，是构成小区绿量的"基底"，高度一般在0.4~1.2米左右。小灌木层常采用的品种有：海桐、倭海棠、卫予、麻叶绣球、圆锥八仙花、伞形八仙花、木绣球、琼花、野珠兰、马银花、毛白杜鹃、杂种杜鹃、六月雪、金银木、大叶栀子、桃叶珊瑚、水栀子、枸杞、金丝桃、金丝梅、紫金牛、络石、中华常春藤、梔子、枸骨、南天竹、十大功劳属、八角金盘、棣棠、沿阶草、石菖蒲、连钱草、红花酢浆草、石蒜、蝴蝶花、萱草、大吴风花、二月兰、石菖蒲、玉簪、紫萼、圆叶景天、鸢尾、富贵草、鱼腥草、葱兰、马蹄金、白花三叶草等。

（5）草皮层——草坪　现在较常用的是黑麦草和矮生百慕大混播草籽。

3.2.2.1　顶层——大乔木层

大乔木层又称骨架层，是构成整个小区绿化顶层高度的层次，高度一般在12~16米。选用的苗木也称为骨架苗，要求树形尽量完整，胸径在25cm~35cm左右。该层次选用的苗木较大，是构成小区绿化变化的林冠线制高点（图3-45~图3-47），也是形成该区域绿化群落的主角或者是庭院的孤赏树。常用的有榉树、朴树、紫花泡桐、珊瑚朴、七叶树、香椿、臭椿等。

骨架苗的位置应从各个角度分析其合理的定位，一般用在群落中心、铺地中心、观景视线焦点等。可以采用美学透视的方法确定骨架苗的位置。

图3-45　复合植物组群——大乔木控制高度

图 3-46　复合植物组群——大乔木形成主景

图 3-47　复合植物组群——大乔木形成漂亮的天际线

　组群模式在植物造景中的应用

3.2.2.2　乔木层

乔木层仅次于骨架层，是构成小区绿化林冠线变化的主要力量，高度一般在6~10米。乔木层的树木又称上木。处于该层次的苗木品种较多，树形变化丰富，可围绕骨架苗进行三五成群的丛植，或是单独的列植或片植。乔木层是楼盘功能空间分割的主要手段，而且效果显著。通过有效组织乔木林带，可形成若干特色鲜明的空间聚落（图3-48~图3-50）。

图3-48　乔木适合形成规则形式的通过性空间1

图3-49　乔木适合形成规则形式的通过性空间2

图 3-50　在相对中型尺度空间，乔木也是主景

乔木层常采用的树种有：广玉兰、合欢、香樟、梧桐、无患子、楸树、乌桕、喜树、枫杨、雪松等。

3.2.2.3　小乔木层

小乔木层又叫大灌木层，是形成小区绿量以及季相变化的主要素材（图 3-51～图 3-53），高度一般在 1.5～4.5 米。小乔木层的苗木可称之为中木。处于该层次的苗木品种非常丰富。香

图 3-51　小乔木形成空间特色

图 3-52　小乔木形成秋季景观

图 3-53　小乔木形成春季景观

花色叶树种大部分集中在这一区间。小乔木又是营造小型亲密空间的主要植物。3米高度以内的绿化层次最能形成丰富的立体空间效果。

小乔木层常采用的树种有：桂花、枇杷、含笑、樱花、红枫、鸡爪槭、玉兰、山茶、油茶、厚皮香、大叶冬青等。

3.2.2.4 小灌木层

小灌木又叫地被层，是构成小区绿量的"基底"，高度一般在0.4~1.5米左右（图3-54，图3-55）。可以结合小区地形，形成五彩缤纷的立体效果。小灌木又称下木，品种繁多。小灌木是构成群落林缘线的最佳材料。

小灌木层常采用的品种有：海桐、倭海棠、卫予、麻叶绣球、圆锥八仙花、伞形八仙花、木绣球、琼花、野珠兰、马银花、毛白杜鹃、杂种杜鹃、米饭花、六月雪、金银木、小叶栀子、桃叶珊瑚、枸杞、金丝桃、金丝梅、紫金牛、络石、中华常春藤、洋常春藤、枸骨、南天竹、十大功劳属、八角金盘、棣棠、箬竹、吉祥草、沿阶草、石菖蒲、连钱草、红花酢浆草、石蒜、蝴蝶花、萱草、大吴风草、山白菊、蛇根草、八角莲、二月兰、石菖蒲、玉簪、紫萼、圆叶景天、鸢尾、富贵草、鱼腥草、葱兰等。

图3-54 花灌木1

图 3-55　花灌木 2

3.2.4　草坪层

草坪一般位于光照较好的位置。在场地中留足 30% 绿地作为草坪用地，能有效增加空间感。而且草坪的设置应根据小区园路骨架的形态综合考虑，结合园路的九曲通幽，达到草坪空间的收放自如（图 3-56～图 3-58）。

现在较常用的是黑麦草和矮生百慕大混播草籽。

图 3-56　草坪空间 1

图 3-57 草坪空间 2

图 3-58 草坪空间 3

第四章
植物组群模式的设计

首先要说明的是，植物景观设计师不是简单地把植物品种均匀地"放"在图纸上，而是在整体设计方案的指导下，科学、合理地把植物组合起来，放在恰当的位置，使其既经济、美观，又符合生态要求，既要看到近期效果，又能展望远期效益。

本章，笔者先以一个小节点为例，阐述植物景观营造应该考虑的各种问题以及采用的设计方法，然后以一个居住区（盐城钱江方洲）的植物景观营造为例，详细阐述植物组群模式从方案阶段一直到施工完成的一系列设计过程。

4.1 植物组群模式的设计方法

先以一个小节点为例，阐述植物景观营造应该考虑的各种问题以及采用的设计方法。

该节点位于居住区（盐城钱江方洲）的中心区块的入口，是小区主干道通向宅间的必经之路，因此该节点的植物景观营造应既考虑节点周边精致美观，又要有视线的引导，对于宅间绿化景观要有部分的引导和展现（图 4-1，图 4-2）。

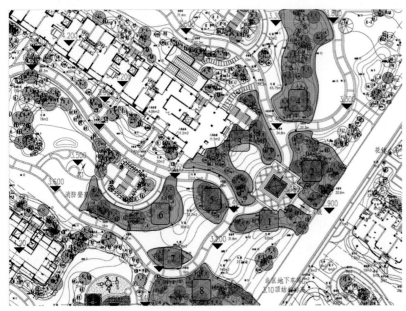

图 4-1 宅间入口节点组群分布示意

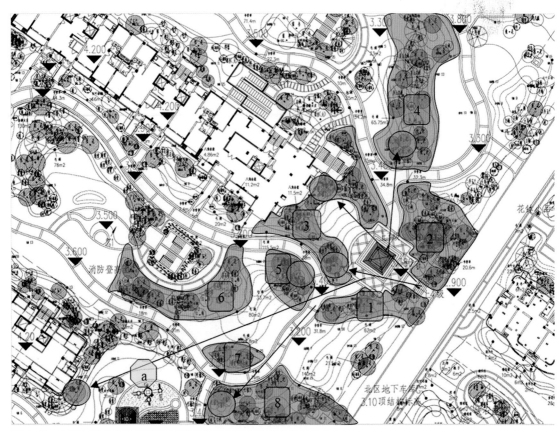

图 4-2　宅间入口节点焦点树分布示意（黑线箭头表示实现的方向）

4.1.1　平面空间的分割

该节沿着小区主道路，设计通过 5 级台阶上来在入口处形成以亭子为主景的停留空间，进而往两边引导，进入两个前后宅间路。这里通过空间的划分结合铺装和园路的走向，形成了大致 8 个植物的组群，见上图。其中 1、2 组群围绕铺装场地，使住户在进入空间的一刹那有种对主道路明显的转换感；3 号组群是铺地空间的对景。一般在人停留的空间至少要两面以乔、灌木围合，一至两面可以打开，形成观赏面。4 号组群是人行往北（上北下南）的对景；5 号组群是人行往南（上北下南）的对景。

4.1.2　视线焦点树的定位

焦点树或称骨架树往往是决定整个环境整体空间形态的植物，也是造价较为昂贵的，因此在确定这些树的位置的时候要仔细地研究判断，包括树的大小、高度、形态。一般这些大树的规格在胸径 25~35 厘米之间。而且骨架苗必须采用全冠移植。

如果有必要，还要对重要视线的空间进行分析（图 4-3）。

4.1.3　确定飘枝或丛生乔木位置

这是一个很重要的过程。之前的章节已经分析过，中国园林的很重要的一个造景手法是借景。用飘枝或丛生的乔木造景，不光自身就是一景，在人视线形成的范围内也可形成框景（图 4-4）。

图 4-3　A 视角的透视空间分析

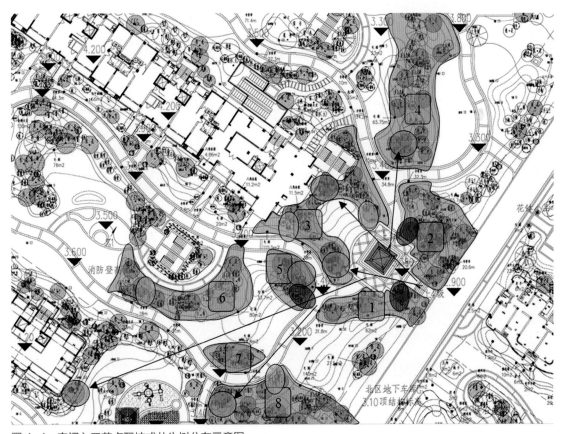

图 4-4　宅间入口节点飘枝或丛生树分布示意图

4.1.4 明确下层大灌木和小灌木的品种

这里强调下，由于小区即时见效的要求，灌木的选择大部分会选择有限的几个品种，而且种植的密度非常高，这其实非常不利于苗木的生长。在条件允许的情况下，可适当采用球形苗能达到更好的效果。

以下把施工过程的图纸展示一下，能更清楚地明白以上设计方法（图4-5～图4-17）。

图4-5　节点南侧的放样和大树点位布置

图4-6　该节点完成后的效果 -a 视角（春景）

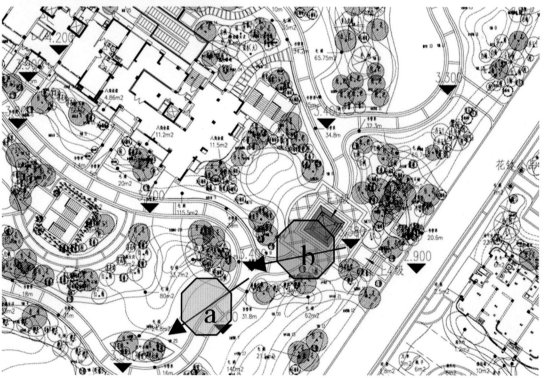

图 4-7 该节点完成后的效果 –b 视角（春景）

图 4-8　该节点完成后的效果 -c 视角（春景）

　组群模式在植物造景中的应用

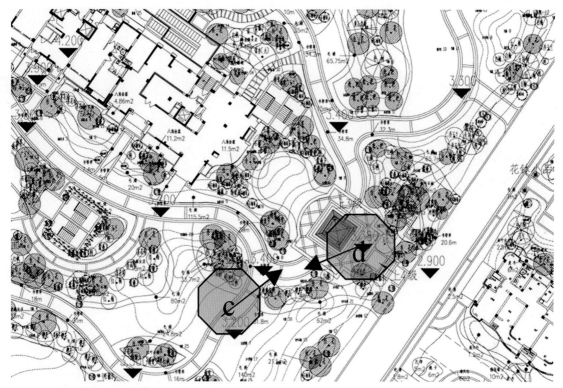

图4-9 该节点完成后的效果－d视角（春夏）

图4-10 该节点完成后的效果－e视角（春夏）

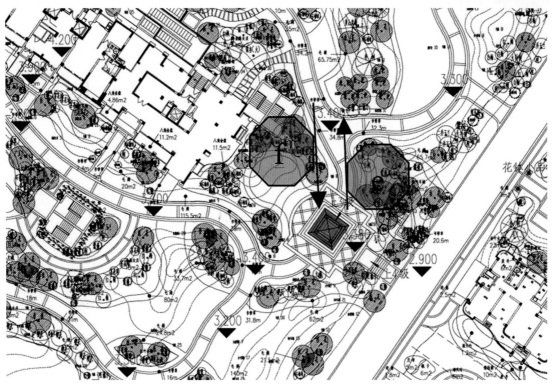

图 4-11　该节点完成后的效果 -f 视角（春夏）

图 4-12　该节点完成后的效果 -g 视角（春夏）

图 4-13

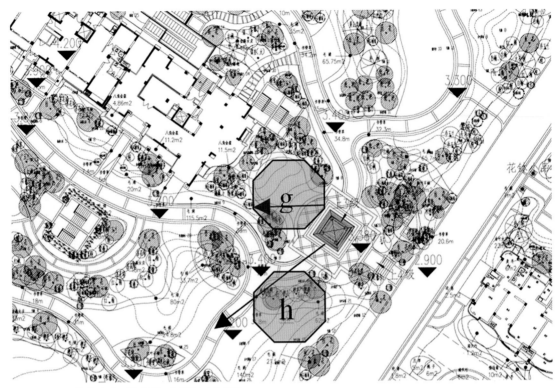

图4-13 该节点完成后的效果 -h视角（春夏）

图4-14 该节点完成后的效果 -i视角（春夏）

组群模式在植物造景中的应用

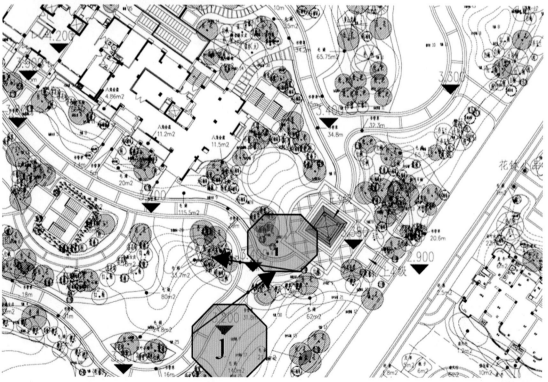

图 4-15　该节点完成后的效果 -j 视角（春夏）

图 4-16 该节点完成后的效果 -k 视角（春夏）

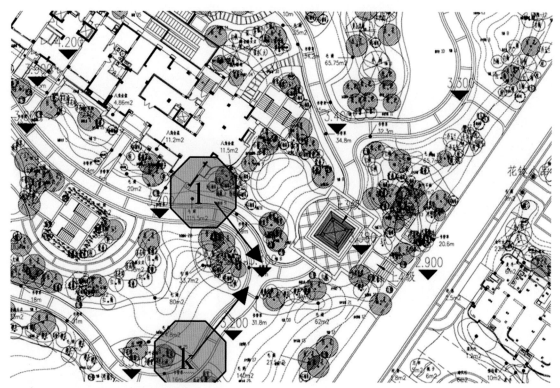

图 4-17 该节点完成后的效果 -I 视角（春夏）

4.2   植物组群模式的设计流程

4.2.1   前期设计——了解项目背景，收集基础资料

为做植物设计，前期首先要搜集区域内的有关资料和项目相关的数据，如项目规划思路、设计风格、总体布局图纸及报告书等。同时还要搜集项目所在城市的土壤、气候、水文、历史、文化等相关资料，更重要的是收集项目所在地的常用乔、灌木品种，了解当地主要的植物群落的组成。

4.2.1.1   背景资料和相关数据

这方面的资料收集主要是了解设计项目在大的气候带上的分区。充分了解项目在地域上的差别，重在尊重植物的乡土特性。跨区域、跨气候带的植物移植虽然会带来当地植物的多样性，但同样也减弱了地区间的特色差别，严重的会造成生态灾难。因此，设计师要在设计之初了解设计项目在当地的常见植物品种、植物组成以及常见的植物群落模式，初步构建植物设计的组群配置，为设计做好准备。

盐城位于亚热带北部，对现场环境的考察发现，大部分亚热带树种能成活，部分生长不利。依据亚热带植物群落的特点，我们总结出比较适合盐城当地的植物组群配置，如朴树、榉树、香樟（胸径 25 厘米左右）、桂花、樱花、鸡爪槭、红枫、红叶石楠、海桐球、金森女贞、毛鹃、红花檵木。由这些植物组成组群的典型模式见图 4-18～图 4-20。

寒温带

中温带

暖温带

热带

亚热带

图4-18 中国气候带分区主要群落示意

图 4-19　适合盐城种植的典型植物组群 1

图 4-20　适合盐城种植的典型植物组群 2

4.2.1.2　规划思路与设计风格

　　植物设计师在着手项目的植物设计之初应了解项目的规划思路与设计风格。公园与道路、高层小区与别墅区、新建项目与改造项目在植物景观营造方面显然有较大的区别。作为风景园林的一个专项工种，植物景观设计师应理解项目表达的意境以及在意境基础上探寻的意蕴，这是植物设计非常重要的前提条件。

　　以笔者的从业经验，植物设计方案最好由项目的总体设计师完成。如不能完成，也应该在植物设计之初详细交待该项目的总体规划思路和设计风格，对重点节点要交待设计师的愿景，可能的话要提交节点里面的手绘稿，以提供给植物设计师直观形象的意向参考。

　　以江苏盐城的钱江方洲小区为例，二期景观有三大特色：

　　钱江方洲二期的建筑为高层低密度的布局形态。因此建筑围合的外部园林空间开畅大气，一般宅间距可达 50 米，最长的景观廊道达到 130 米。在如此大尺度的室外景观空间，可以营造出环境优美的公园级的绿化景观。

　　地形是园林景观的骨架。钱江方洲二期的地形景观结合公园式的园路布局，运用借景、障景、曲径通幽等各种布局手法，结合各种土坡造型相互穿插，营造出盐城难得一见的地形景观。

　　钱江方洲二期的植物以组团式布局为特色，通过主要景观视线的分析，结合地形的营造，用几乎是真正全冠的植物组成乔木、大灌木、小灌木、地被、草地五层结构层次丰富的园林植物景观。将整个小区打造成安静舒适、美丽宜人的公园式住区（图 5-52，图 4-21～图 4-23）。

图 4-21　钱江方洲次入口对景效果图

图 4-22　钱江方洲主入口对景效果图

图 4-23　钱江方洲次入口 2 对景效果图

4.2.1.3　规划总平面图

规划总平面图包括：规划设计范围，规划范围内的设计标高、设计道路及建筑物（住宅、公建、其他附属设施）的位置等。道路设计图包括重要铺装及各级道路的宽度、转角、坡向、坡度以及交叉点的坐标等（图4-24）。通过此图可以了解项目规划的道路现况，对车辆、人流的组织情况，以及道路的地表排水设计等，为绿地的园路设计、竖向设计及地表排水设计找到充分的依据。

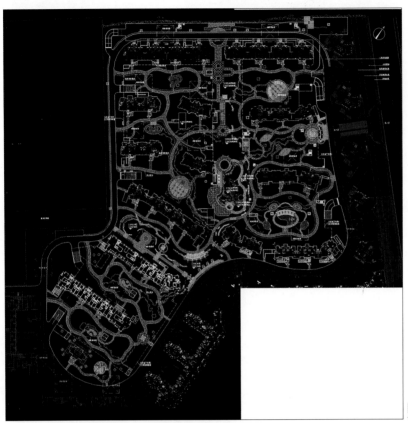

图4-24　钱江方洲园路布置图

总平面的道路设计主要解决交通的功能。也有些道路设计会严重影响植物设计的深入。植物设计的本质实际上是营造景物的空间和层次，甚至更多是通过借景来达到目的。所以植物设计师在拿到总体道路平面设计图时，既要领会方案设计师的要求，同时又要敢于提出更加合理的意见来完善、改进总体设计的纰漏。

4.2.1.4　建筑物（构筑物）的平面、立面图

平面包括建筑物（构筑物）占地面积（包括散水）、每栋建筑单元的主要出入口位置；立面要求有建筑物的高度、色彩、造型，以及其朝向及四季投影范围等。通过这些可以了解项目的总体风格和形式，从而帮助设计者深入了解项目的风格和构筑小品的形式。而建筑物（构筑物）投影范围则使我们在种植设计上，尤其是耐阴树种的选择上有充分的依据。

4.2.1.5　地下管线图

地下管线图最好与施工图比例相同。该图应包括上水、雨水、污水、化粪池、电讯、电力、暖气沟、煤气、热力等管线的位置及井位等，除平面图外，还要求有剖面图，并注明管径大小、

管底或管顶标高、压力、坡度等。此图可以帮助设计者了解设计范围内地下管线的位置及各项技术参数，使绿地的种植、竖向、给排水、电力等诸项施工图设计更符合实际。

通过详细的资料调查后，设计者对设计的对象有了初步的了解，解决问题的一些办法也相应地产生了，但无论资料如何详尽、如何准确，设计者都必须亲自到现场进行更深入的调查。

4.2.2　立意设计——明确设计的主题，协调总体规划的主次关系

所谓立意就是设计者根据功能需要、艺术要求、环境条件等因素，经过综合考虑所产生出来的总的设计意图。立意既关系到设计的目的，又是在设计过程中采用各种构图手法的根据。对于植物造景而言，既要了解整体方案的定位，又要构思为表达场地的主题思想而采用的植物设计方法。刘晓光在《景观美学》一书中提出形式美、意境美、意蕴美的景观美学分类，立意的过程实际上就是确立景观的意境和意蕴的过程。

4.2.2.1　大立意

园林设计项目分类较多，确定项目的特点和风格为植物设计指明方向为大立意。比如以自然式种植的小区和规则式种植的广场就存在明显的差别；公园绿地与居住区绿地的植物组群也存在组合体量的差别。大立意与项目整体风格相关。

4.2.2.2　小立意

在确定项目整体风格的基础上，对各个分区或进行功能和意像的明确是为小立意。比如以樱花林或梅花林为特点的景点，以竹子为特色的主入口。小立意与功能定位分区有联系，直接表达区块内的环境主题（图4-25～图4-28）。

图4-25　体现局部节点的特色植物配置1

图 4-26　体现局部节点的特色植物配置 2

图 4-27　体现局部节点的特色植物配置 3

图4-28 体现局部节点的特色植物配置4

　　立意的过程就是确定植物组群主调树或特色树的过程，在空间关系没有确定的情况下，先行确定项目重要节点的主调树和特色树有助于下一步植物空间特色的营造（图4-29）。

图4-29 以单一品种片植立意

4.2.3 空间设计——确定设计的尺度，满足使用功能

植物组群的空间设计是组群模式设计方法的优势。根据小区建筑规划的特点，钱江方洲的植物设计采用大量组群模式的营造方法，形成多种大小不同的植物空间。

从图4-24上清晰地看到草坪空间、水体空间、道路空间，这些空间由一组组的植物组群串联起来，形成丰富、连贯的各种大小空间。在空间中，植物的组群既是分隔空间的主体，又是被欣赏的主体（图4-30～图4-35）。

图4-30 鸟瞰现场实景图

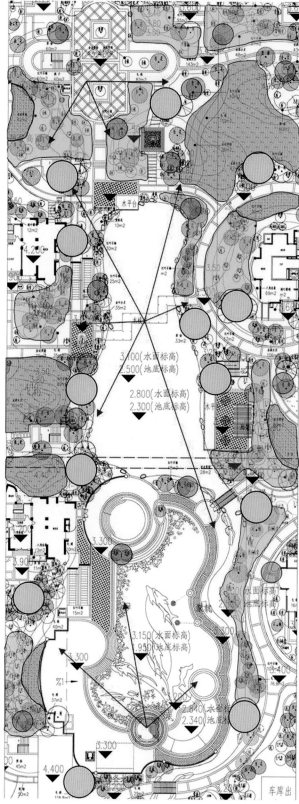

3.400(水面标高)
2.500(池底标高)

2.800(水面标高)
2.300(池底标高)

3.150(水面标高)
1.950(池底标高)

2.440(水面标高)
2.340(池底标高)

○ 视觉焦点（骨架树）

● 特色亚乔木

▭ 复合组群

▦ 草坪空间

图4-31　组群空间平面设计图

图 4-32　鸟瞰现场实景图

　组群模式在植物造景中的应用

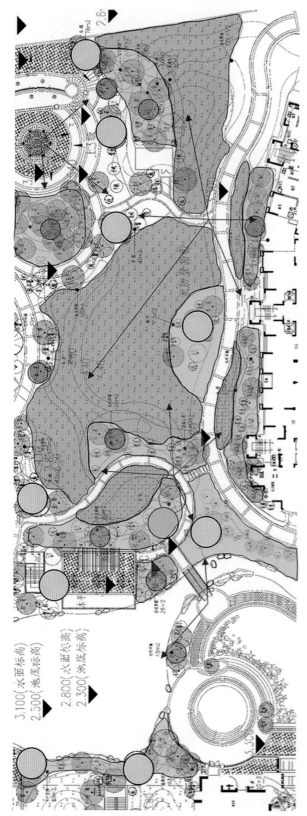

3.100(水面标高)
2.500(池底标高)
2.800(水面标高)
2.300(池底标高)

○ 视觉焦点（骨架树）

● 特色亚乔木

▭ 复合组群

▭ 草坪空间

图4-33 组群空间平面设计图

图 4-34　鸟瞰现场实景图

　组群模式在植物造景中的应用

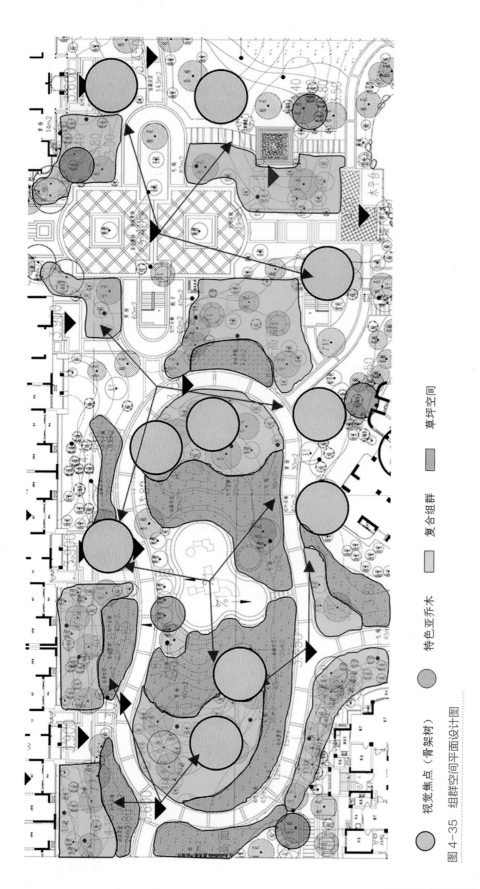

视觉焦点（骨架树） 特色亚乔木 复合组群 草坪空间

图4-35 组群空间平面设计图

4.2.3.1 植物空间的设计

（1）开敞植物空间　园林植物形成的开敞空间是指在一定区域范围内，人的视线高于四周景物的植物空间。开敞空间在中心开放式绿地、社区公园中非常多见，像草坪、开阔水面等，视线通透，视野辽阔，容易让人心胸开阔，心情舒畅，产生轻松自由的满足感（图4-36，图4-37）。

图4-36　鸟瞰现场实景图

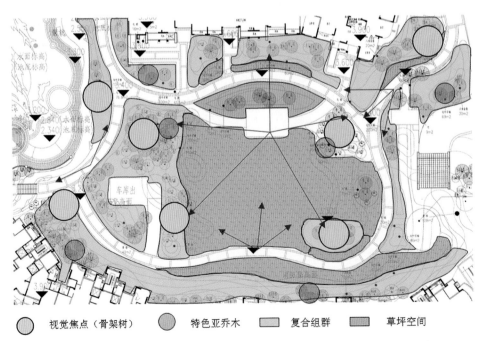

视觉焦点（骨架树）　　特色亚乔木　　复合组群　　草坪空间

图4-37　组群空间平面设计图

（2）半封闭植物空间　半封闭空间就是指在一定区域范围内，四周围不全开敞，而是有部分视角用植物阻挡了人的视线。小区的半开敞植物空间一般常运用于宅间绿地（图4-38，图4-39）。半开敞植物空间营造手法比较丰富。

图4-38　鸟瞰现场实景图

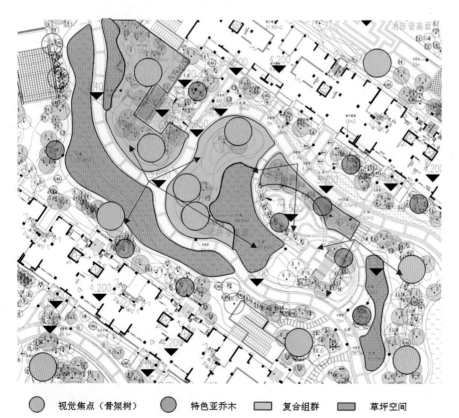

○ 视觉焦点（骨架树）　　● 特色亚乔木　　▢ 复合组群　　▢ 草坪空间

图4-39　组群空间平面设计图

（3）覆盖植物空间　覆盖空间通常位于树冠下与地面之间，通过植物树干的分枝点高低、浓密的树冠来形成空间感。高大的常绿乔木是形成覆盖空间的良好材料，此类植物不仅分枝点较高，树冠庞大，而且具有很好的遮荫效果，树干占据的空间较小，所以无论是一棵几丛还是一群成片，都能够为人们提供较大的活动空间和遮荫休息的区域（图4-40～图4-50），此外，攀援植物利用花架、拱门、木廊等攀附在其上生长，也能够构成有效的覆盖空间。

图4-40　现场实景图

　组群模式在植物造景中的应用

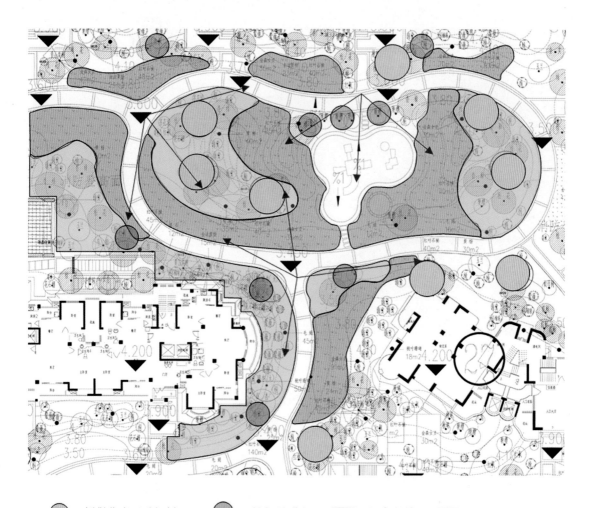

| 视觉焦点（骨架树） | 特色亚乔木 | 复合组群 | 草坪空间 |

图 4-41　组群空间平面设计图

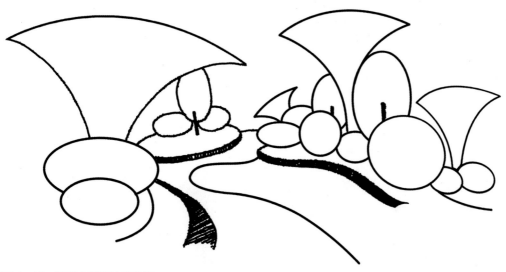

图 4-42　组群空间设计示意图

图 4-43　现场实景图

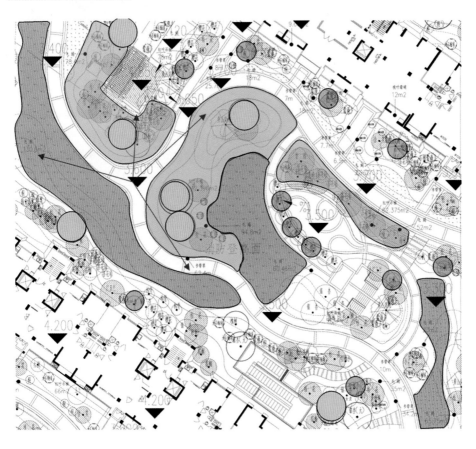

⬤ 视觉焦点（骨架树）　　⬤ 特色亚乔木　　▭ 复合组群　　▮ 草坪空间

图 4-44　组群空间平面设计图

图 4-45　组群空间设计示意图

图 4-46　现场实景图

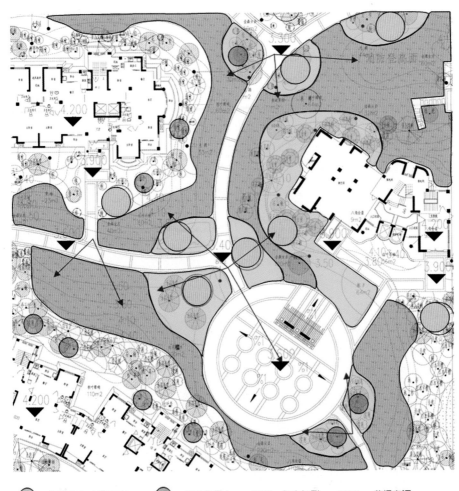

● 视觉焦点（骨架树）　　● 特色亚乔木　　▢ 复合组群　　▢ 草坪空间

图 4-47　组群空间平面设计图

图 4-48　组群空间设计示意图

图 4-49　现场实景图

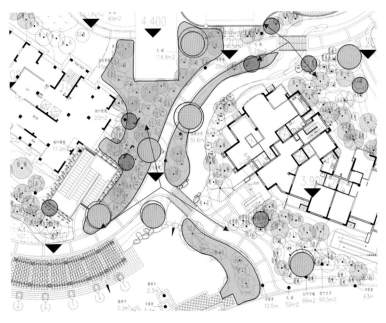

○ 视觉焦点（骨架树）　● 特色亚乔木　▢ 复合组群

图4-50　组群空间平面设计图

（4）封闭空间　封闭空间是指人所处的区域范围内，四周用植物材料封闭，这时人的视距缩短，视线受到制约，近景的感染力加强，景物历历在目，容易产生亲切感和宁静感（图4-51~图4-54）。在一般的绿地中，这样小尺度的空间私密性较强，适宜于年轻人私语或者人们独处和安静休憩。

图4-51　鸟瞰现场实景图

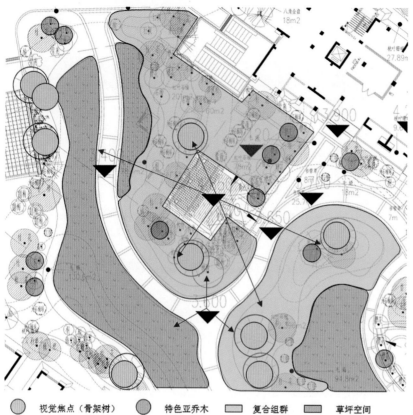

视觉焦点（骨架树）　　特色亚乔木　　复合组群　　草坪空间

图 4-52　组群空间平面设计图

图 4-53　鸟瞰现场实景图

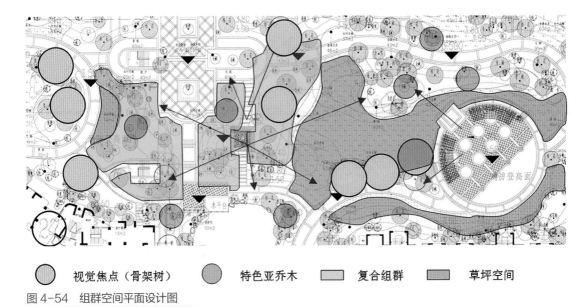

| ● | 视觉焦点（骨架树） | ● | 特色亚乔木 | ▢ | 复合组群 | ▢ | 草坪空间 |

图 4-54　组群空间平面设计图

（5）垂直空间　用植物封闭垂直面，开敞顶平面，就形成了垂直空间，分枝点较低、树冠紧凑的中小乔木形成的树列、修剪整齐的高树篱都可以构成垂直空间。

4.2.3.2　植物空间的组合

室外环境由许许多多的空间组成。许多的功能性空间因使用方式和功能定位的差异分布在各个区域。设计师必须在明确各功能分区的前提下，给各个功能性空间作植物主题的定义。这一阶段工作是非常重要的。

（1）合理布局，划分不同功能的使用空间　植物空间设计可以根据建筑布局、功能划分来确定。依据硬质景观的布局和建筑功能的特点大致确定设计需要选用的骨干树种和基调树种。通过这类树种选择将各功能分区通过以线带面的形式，统一整体的植物景观风格（图 4-55 ~ 图 4-59）。

图 4-55　鸟瞰现场实景图

图 4-56　鸟瞰现场实景图

| 视觉焦点（骨架树） | 特色亚乔木 | 复合组群 | 草坪空间 |

图 4-57　组群空间平面设计图

图 4-58　鸟瞰现场实景图

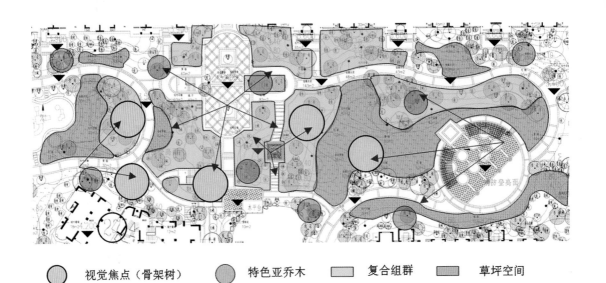

○ 视觉焦点（骨架树）　　○ 特色亚乔木　　▭ 复合组群　　▭ 草坪空间

图 4-59　组群空间平面设计图

　组群模式在植物造景中的应用

（2）突出重点，营造不同尺度的植物群落　通常植物景观以节点或分区片来营造特色，植物景观应有不同的侧重点。绿地空间在经过建筑和室外道路的分割以后，绿地一般形成若干块状、带状、L型等不同形状。设计之初应根据各功能区的特点和绿地的形态特征，在合理空间布局的前提下，将绿化种植的群落划分成以组为单位的树丛。并以组为单位进行绿化设计。

4.2.4　层次设计——梳理设计的高度，丰富使用人群的视觉美感

园林中的植物配置是否引人注目，关键之一在于园林植物的层次感，植物层次感主要体现在植物自身的高低错落和色彩组合两个方面。植物高矮对比鲜明、种植疏密有致、色彩关系和谐，就能呈现出丰富的空间层次感。

4.2.4.1　结合建筑立面形态，设计绿化林冠线

选取若干重要的节点，并作透视分析。根据建筑群的天际线变化，结合园林美学原理，确定合理的绿化林冠线（图4-60～图4-65）。

图4-60　体现局部节点的特色植物配置1

图 4-61　体现局部节点的特色植物配置 2

图 4-62　现场实景图 1

　组群模式在植物造景中的应用

图 4-63　现场实景图 2

图 4-64　现场实景图 3

图 4-65　现场实景图 4

　组群模式在植物造景中的应用

4.2.4.2　根据节点立面形态，设计植物立面构图

园林植物"身材"多样，有的如水杉、雪松等高耸入云，有的如匍地柏、平枝枸子等平地而生。植物不仅"身材"多样，"姿态"也各有千秋：圆锥形、球形、柱形、塔形等可谓应有尽有。进行植物配置时，可根据植物形状，结合叶丛疏密度和分枝高度来构成封闭、半封闭、覆盖、开敞和垂直等空间形式（图4-66～图4-70）。

图4-66　体现局部节点的特色植物配置1

图4-67　体现局部节点的特色植物配置2

图4-68　体现局部节点的特色植物配置3

图4-69　体现局部节点的特色植物配置4

图 4-70　体现局部节点的特色植物配置 5

4.2.4.3　结合场地地形地貌，强化立面层次

地形高低起伏本身就提升了空间的层次感，这种地形在设计时应依山就势、适地适树、适景适树。在地势较高处种植大规格独干型乔木，既能增强地势起伏，又能衬托出植物的俊秀挺拔（图 4-71~图 4-73）。

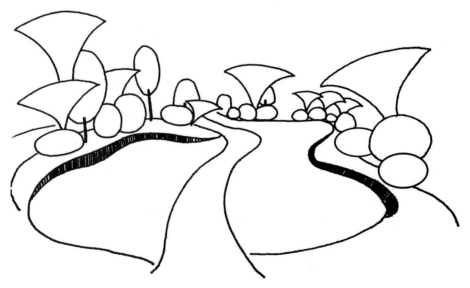

图 4-71　组群空间设计示意图

图4-72　现场实景图1

图4-73　现场实景图2

4.2.4.4 优化地被曲线变化，设计片状草坪空间

在下层空间的营造过程中，满铺的地被种植，往往造成视觉疲劳。在绿地中适度预留草坪空间，有助于活跃植物空间氛围。而且用连续的地被植物能连接起分开的植物组群，使之形成连续的空间边界（图4-74~图4-76）。

图4-74　现场实景图1

图4-75　现场实景图2

图 4-76　现场实景图 3

4.2.5　季相设计——考虑季节的变化，突出绿化品种的季候变化

季相就是植物在不同季节表现的外貌。植物随着时间的推移和季节的变化，自身经历了生长、发育、成熟的生命周期，表现出了发芽、展叶、开花、结果、落叶及由大到小的生理变化过程，形成了叶容、花貌、色彩、芳香、枝干、姿态等一系列色彩上和形象上的变化，具有较高的观赏价值，园林植物配置要充分利用植物季相特色。

植物组群模式的季相设计主要考虑两方面的内容，一是位于组群顶部的落叶植物的选择，二是考虑为组群中下层的开花、色叶植物的选择。一般在组群中上层的骨干树已经选择好的情况下，中层的开花、色叶植物不需要选择规格过大，只要根据之前主题立意章节确定的植物特色选择即可，或开花、或色叶。如果组群中的骨干植物和上层植物未选择，或是在空间有限、但设计要强调该节点的特殊性，那么中层应选择较大规格（依据空间大小定）的开花、色叶植物，以突出节点特色（图 4-77～图 4-79）。

4.2.6　品种设计——确定设计的品种，优化建筑空间的生态效益

整体植物景观类型布局选择完成后，就要开始进行各个植物景观类型的构成设计，即解决植物个体的选择与布置问题。植物个体的选择与布局主要要解决以下几个问题：植物品种的选

图4-77 现场实景图1

图4-78 现场实景图2

图 4-79　现场实景图 3

择，植物初植大小的确定，植物数量的确定，植物个体在结构中的位置定位等。

4.2.6.1　组群中植物品种选择

植物造景的植物品种选择应分析确定配置场地的气候特点和主要环境限制因子。根据场地的气候分区、主要环境限制因子和植物类型来与植物库数据配对搜寻，确定粗选的植物品种。再根据功能和美学的要求，进一步筛选植物品种。主要品种是用于保持统一性的品种，是植物景观类型的主体构架品种。一般来说，主要品种数量要少（比如说 20%），相似程度高，但植株数量多（比如说 80%）。次要品种是用于增加变化性的品种，品种数量要多（80%），但植株数量要少（20%）。一般的小区来说，15～20 个乔木品种，15～20 灌木品种，15～20 宿根或禾草花卉品种已足够满足生态方面的要求。当然，国家有特别规定的，按相关规定办理。

4.2.6.2　组群中植物初植大小的确定

在国内，对种植植物的初植大小规格没有具体的标准规定。更多的是根据客户喜好和设计者的习惯来确定。

有经验的设计者可以巧妙地利用一些美学的生态的手法来综合确定。

以乔木为例，国外比较通行的乔木层尺寸一般也就在径阶 6～8 厘米的完整植株。考虑到国内的习惯，建议乔木层以胸径 10～20 厘米左右的完整植株较为适宜，骨架苗可采用 25～30厘米胸径植株较为适宜。

以下是在园林中常用作骨干树的植物（图 4-80～图 4-87）。

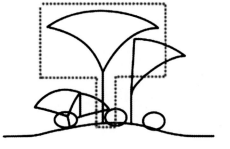

图 4-80　成年胸径 40 厘米朴树（在组群结构中的位置）

图 4-81　成年胸径 30 厘米银杏（在组群结构中的位置）

　组群模式在植物造景中的应用

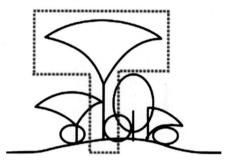

图 4-82　成年胸径 30 厘米丛生朴树（在组群结构中的位置）

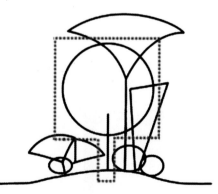

图 4-83　成年胸径 35 厘米香樟（在组群结构中的位置）

图 4-84　可用作组群内部主调树的开花色叶植物 1（在组群结构中的位置）

图 4-85　可用作组群内部主调树的开花色叶植物 2（在组群结构中的位置）

图 4-86　可用作组群内部主调树的开花色叶植物 3（在组群结构中的位置）

图4-87 可用作组群内部主调树的开花色叶植物4（在组群结构中的位置）

4.2.6.3 组群中植物数量的确定

准确地说植物数量确定问题是一个跟栽植间距高度相关的问题。一般说来，植物种植间距由植株成熟度、大小确定。在实际操作过程中，可以根据植物生长速度的快慢适当调整，但决不能随意加大栽植密度（图4-88～图4-92）。任何时候，采用加大栽植密度来获取及时效果的方法都是最愚蠢的方法。且应注意在植物组群中能够一株成效果的决不用两株。

图4-88 体现局部节点的特色植物配置1

图 4-89　体现局部节点的特色植物配置 2

图 4-90　现场实景图 1

　组群模式在植物造景中的应用

图4-91　现场实景图2

图4-92　现场实景图3

4.2.6.4 植物个体在结构中的位置定位

植物组群中植物个体的确定是由该组群在空间位置中的作用决定的。每一个植物组群在整体的植物空间中都会发挥不同的作用，有的形成视线主景，有的形成天际线，有的形成植物空间遮挡，有的则形成组群与组群之间的空间组合。那么相对应，植物组群是由不同高度、形态、叶片密度和质感的植物品种所构成的。比如，在组群当中，位置较高的骨架树在整体空间中可以形成远景视觉，有一些飘枝的树可能会指引方向，中层有些开花和色叶树会展示植物空间的主题特色，中下层的大灌木则会形成空间遮挡。所以在设计时要综合协调该组群在整体空间中的综合作用来确定组群中各个层次植物的高度、形态、色彩。而这些高度、形态、色彩的初步确定和植物品种的具体选择产生关联。然后根据植物的生长习性，最终确定组群中每一株植物的品种。

4.2.7 设计出图——汇总设计资料、绘制施工图纸

园林植物种植设计施工图的出图标准一直比较不规范。我国现行的《风景园林图例图示标准》对种植设计中的苗木统计表未作规定，或规定不详。种植施工图在整个园林正式文件中所占比例较少，但事关整体景观效果。

笔者总结多年工作经验，尝试以植物组群模式的设计方法绘制种植施工图，为下步的施工环节提供简单易懂（能领会设计意图）的详细图纸（图4-93～图4-94）。

以组群模式设计的植物景观，空间感清晰，植物层次清楚，主题特色明显，在绘制施工图时，注意增加对重要节点的立面图和剖面图的分析，对重要的骨架树要特别提出树形、树姿要求，并附上相似图片，说明设计要求。

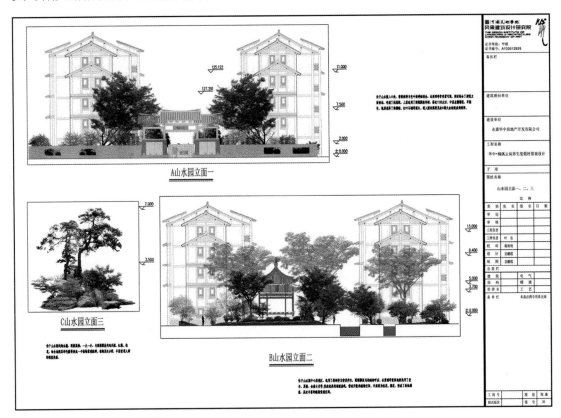

图4-93　绿化施工图组群大样1

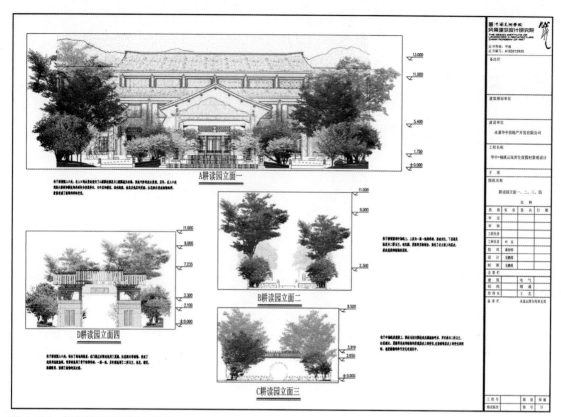

图 4-94 绿化施工图组群大样 2

第五章
组群模式应用案例

本章节将重点介绍几个笔者通过植物组群模式来完成的具体设计项目

5.1 龙泉一期

项目龙泉一期位于龙泉市,属于城市滨河公园,总面积 8.5 万米^2。设计运用植物的组群模式,通过对场地整体游览路线、景观视线的分析,结合地形的塑造,用上、中、下三层植物营造植物空间。设计时着重把握空间组织关系,形成疏密有致、张弛结合的韵律变化,避免平铺直叙。在追求形式上美感的同时也满足视觉上的享受,混合着不同种类的花灌木,颜色分明、色彩丰富,三季有花,四季有景,一步一景,景随身行(图 5-1~图 5-15)。

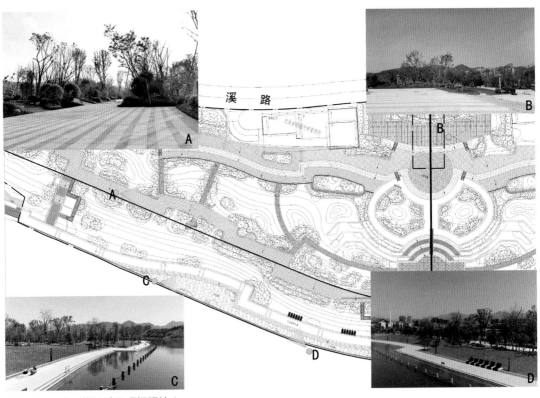

图 5-1　龙泉一期设计及现场照片 1

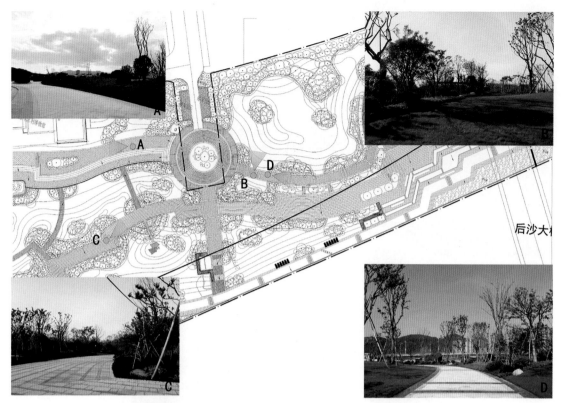

图 5-2　龙泉一期设计及现场照片 2

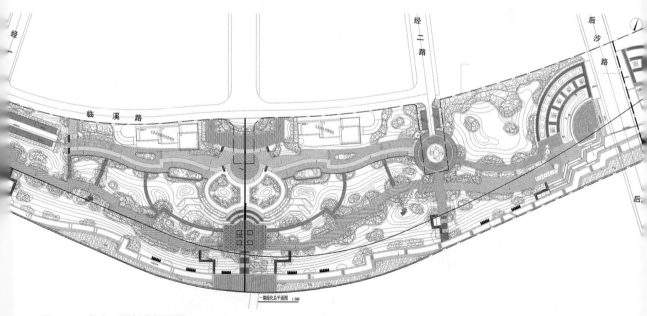

图 5-3　龙泉一期绿化平面图

图 5-4　龙泉一期设计及实景图 1

图 5-5　龙泉一期设计及实景图 2

图 5-6　龙泉一期设计及实景图 3

图 5-7 龙泉一期设计及实景图 4

图 5-8 龙泉一期设计及实景图 5

图 5-9 龙泉一期设计及实景图 6

图 5-10　龙泉一期设计及实景图 7

图 5-11　龙泉一期设计及实景图 8

图 5-12　龙泉一期设计及实景图 9

图 5-13　龙泉一期设计及实景图 10

组群模式在植物造景中的应用

图 5-14　龙泉一期设计及实景图 11

图 5-15　龙泉一期设计及实景图 12

5.2　西山公园

　　项目西山公园位于嘉兴海宁，属于山体公园改造，总面积 3.5 万米 ^{2}，植物组群和建筑相互掩映，利用植物本身的造型优势，形成一幅幅意境优美的画卷。植物组群疏密和大小的变换，使林冠线错落有致，耐人寻味（图 5-16～图 5-30）。

图 5-16　西山公园设计图

　组群模式在植物造景中的应用

图 5-17 西山公园设计及实景图 1

图 5-18 西山公园设计及实景图 2

图 5-19 西山公园设计及实景图 3

图 5-20　西山公园设计及实景图 4

图 5-21　西山公园设计及实景图 5

图 5-22　西山公园设计及实景图 6

图 5-23　西山公园设计及实景图 7

图 5-24　西山公园设计及实景图 8

图 5-25　西山公园设计及实景图 9

图 5-26　西山公园设计及实景图 10

图 5-27　西山公园设计及实景图 11

图 5-28　西山公园设计及实景图 12

图 5-29　西山公园设计及实景图 13

图 5-30　西山公园设计及实景图 14

　组群模式在植物造景中的应用

5.3 嘉兴宝格丽公馆

嘉兴宝格丽公馆中总面积7.3万米²，内有15幢建筑，其宅间距在50米左右，多个体育活动场地，室外景观空间有大面积绿地且变化丰富，大尺度空间开敞明亮，小尺度空间细而精致。

应用植物的组群模式，高大的骨干树、小乔木、花灌木、地被与草坪空间相结合，形成丰富的空间层次，强化各节点的视觉效果。运用植物自身的特点营造一个个私密空间，将整个楼盘打造成一个舒适、私密的花园式住宅区（图5-31~图5-50）。

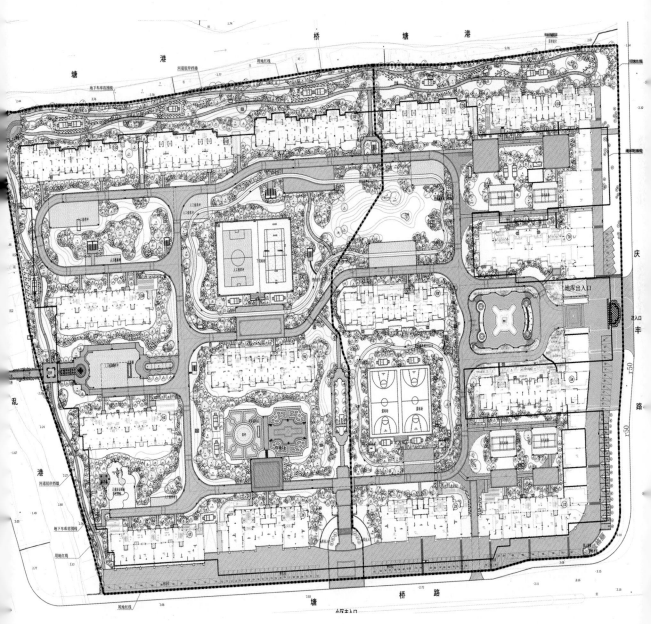

图 5-31 嘉兴宝格丽公馆设计图

图 5-32　嘉兴宝格丽公馆设计及实景图 1

图 5-33　嘉兴宝格丽公馆设计及实景图 2

图 5-34　嘉兴宝格丽公馆设计及实景图 3

图 5-35　嘉兴宝格丽公馆设计及实景图 4

图 5-36　嘉兴宝格丽公馆设计及实景图 5

图 5-37　嘉兴宝格丽公馆设计及实景图 6

图 5-38　嘉兴宝格丽公馆设计及实景图 7

图 5-39　嘉兴宝格丽公馆设计及实景图 8

图 5-40　嘉兴宝格丽公馆设计及实景图 9

图 5-41　嘉兴宝格丽公馆设计及实景图 10

图 5-42　嘉兴宝格丽公馆设计及实景图 11

图5-43　嘉兴宝格丽公馆设计及实景图 12

图5-44　嘉兴宝格丽公馆设计及实景图 13

图 5-45　嘉兴宝格丽公馆设计及实景图 14

图 5-46　嘉兴宝格丽公馆设计及实景图 15

　组群模式在植物造景中的应用

图 5-47　嘉兴宝格丽公馆设计及实景图 16

图 5-48　嘉兴宝格丽公馆设计及实景图 17

图 5-49　嘉兴宝格丽公馆设计及实景图 18

图 5-50　嘉兴宝格丽公馆设计及实景图 19

　组群模式在植物造景中的应用

5.4 江苏盐城钱江方洲小区

钱江方洲二期总面积 13 万米^2，范围内有 24 幢高层建筑。建筑围合的外部园林空间开敞大气，一般宅间距可达 50 米，最长的景观廊道达到 130 米。在如此大尺度的楼盘室外景观空间可以营造出环境优雅的公园级的绿化景观。

钱江方洲二期的植物以组群式布局为特色，通过主要景观视线的分析，结合地形的营造，用几乎是真正全冠的植物组成乔木、大灌木、小灌木、地被、草地五层结构层次丰富的园林植物景观。将整个楼盘打造成安静舒适、美丽宜人的公园式住区（图 5-51~图 5-60）。

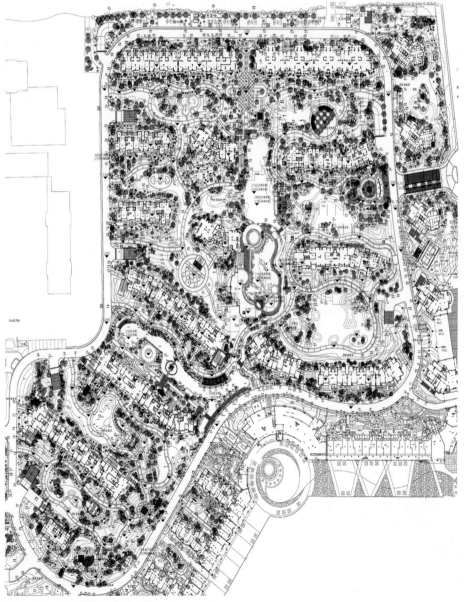

图 5-51 钱江方洲小区施工图

图 5-52　主入口效果图

图 5-53　中心泳池效果图

图5-54 钱江方洲设计及实景图1

图 5-55　钱江方洲设计及实景图 2

图 5-56　钱江方洲设计及实景图 3

图 5-57　钱江方洲设计及实景图 4

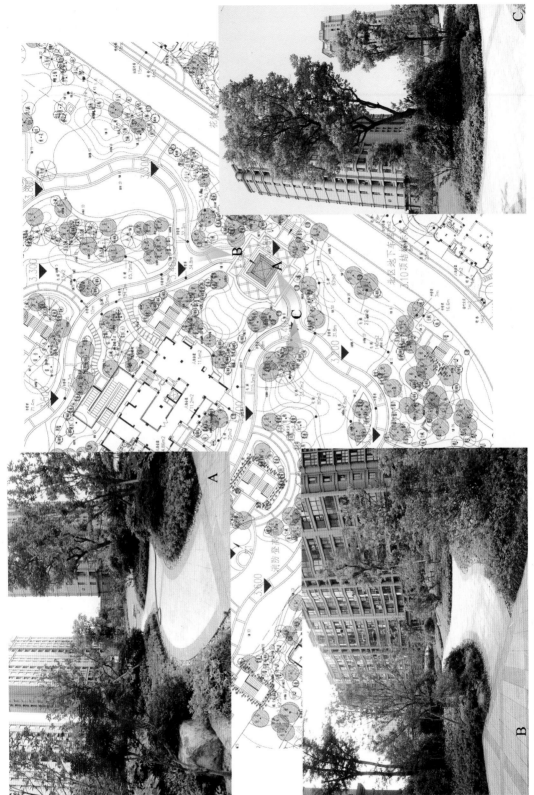

图 5-58 钱江方洲设计及实景图 5

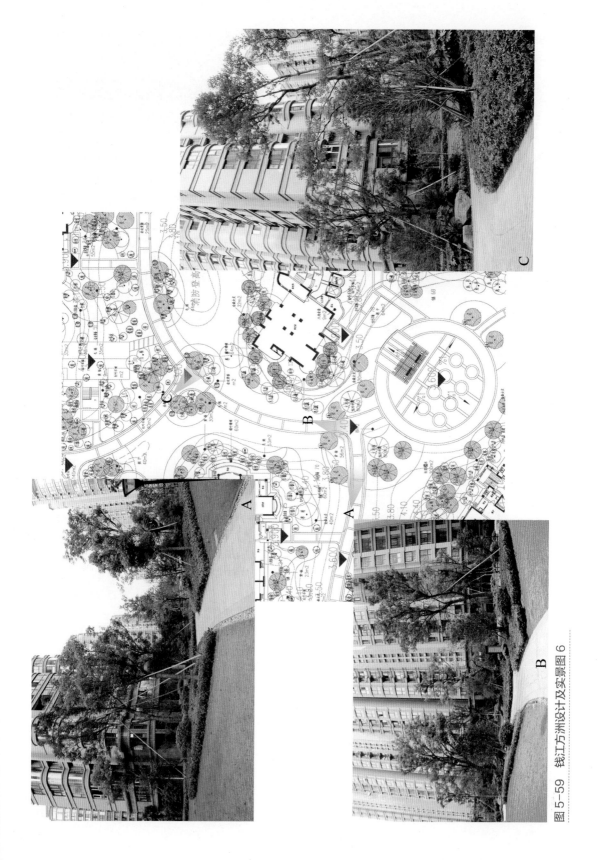

图5-59　钱江方洲设计及实景图6

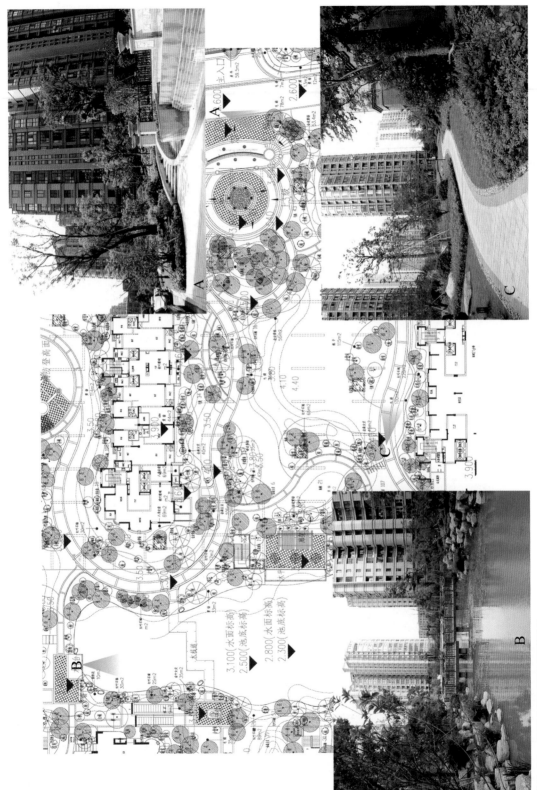

图 5-60　钱江方洲设计及实景图 7

组群模式在植物造景中的应用

5.5 慕容城

慕容城项目是以植物的组群模式为特色的住宅区，道路，地形，植物组群的有机结合；上层植物、中层植物、下层植物之间的合理搭配；落叶和常绿植物的选择共同造就了景观空间的多样性（图5-61~图5-64）。

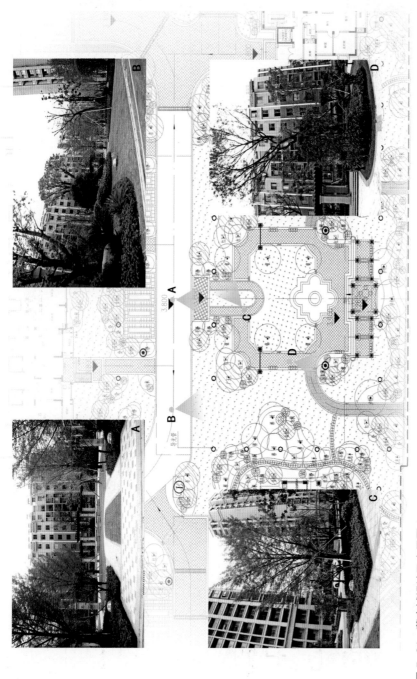

图5-61　慕容城设计及实景图1

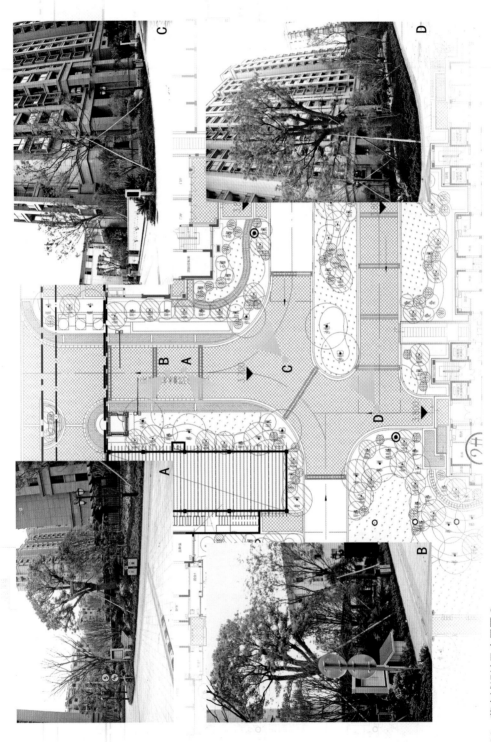

图 5-62 慕容城设计及实景图 2

组群模式在植物造景中的应用

图5-63　慕容城设计及实景图3

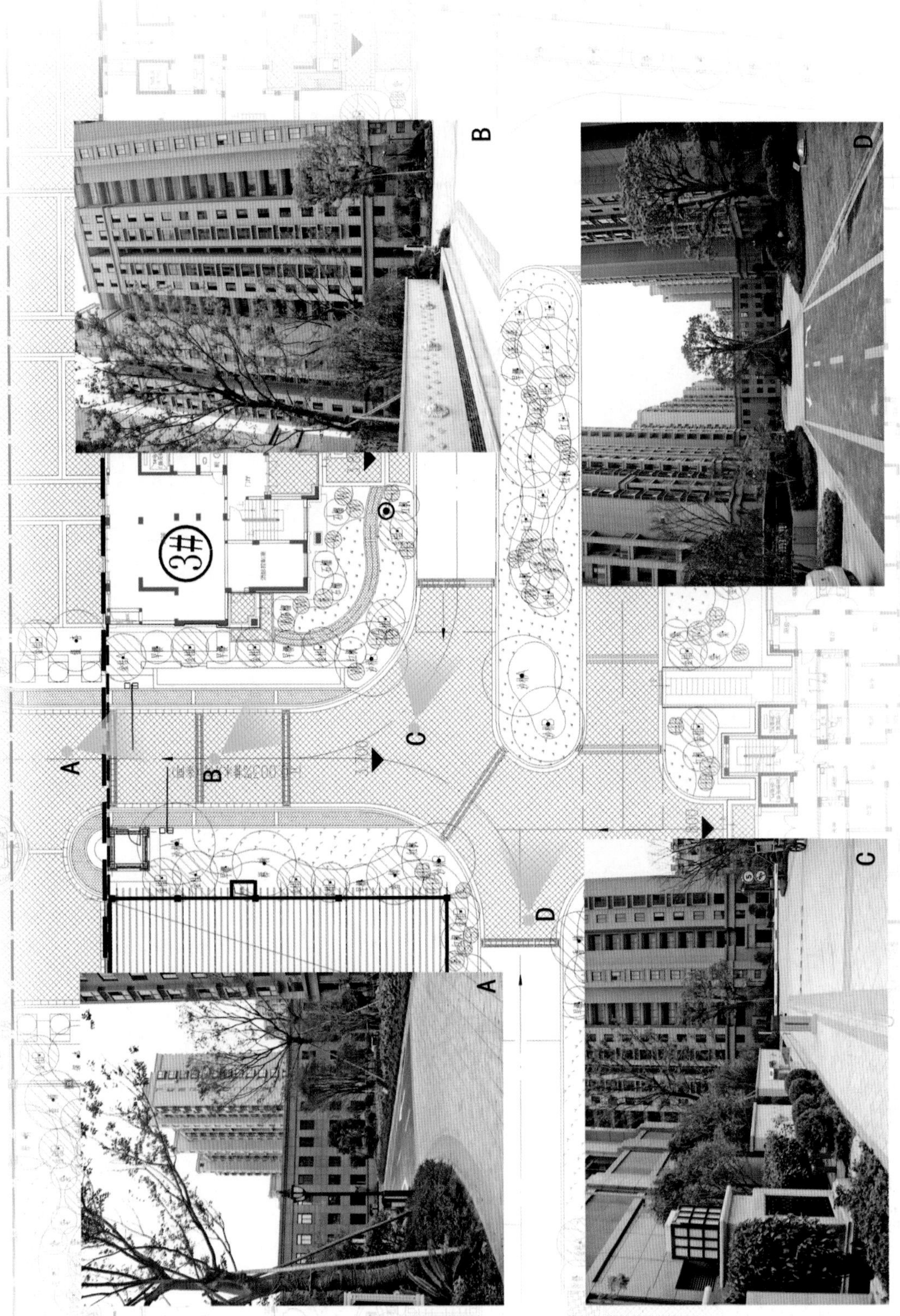

图5-64 慕容城设计及实景图4

组群模式在植物造景中的应用

5.6 海宁大道

海宁大道以常绿树种雪松、香樟为背景，无患子、合欢、栾树、银杏为上层，石楠、桂花、石榴、红叶李为中层，海桐球、红花檵木、美人蕉、八仙花、鸢尾为下层。沿道路侧以丛植的方式种植前景植物界面，利用飘枝朴树、飘枝早樱等植物的优美形态，营造空间变化丰富的道路游憩带（图5-65～图5-80）。

图5-65　海宁大道局部节点平面图

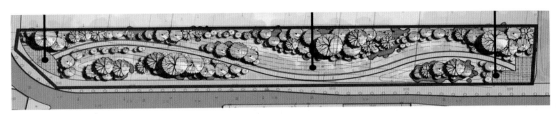

图 5-66　局部节点放大图

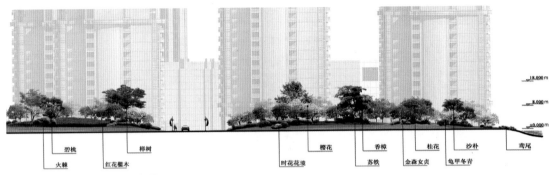

碧桃　　　　櫸树　　　　　　　　　　　樱花　　　　香樟　　　　桂花　　　　沙朴　　　　鸢尾
　火棘　　红花檵木　　　　　　时花花境　　　苏铁　　　金森女贞　龟甲冬青

图 5-67　局部节点里面示意图

图 5-68　鸟瞰图

图 5-69 局部节点效果图 1

图 5-70 局部节点效果图 2

图 5-71 海宁大道设计及实景图 1

图 5-72　海宁大道设计及实景图 2

图 5-73　海宁大道设计及实景图 3

图 5-74　海宁大道设计及实景图 4

　组群模式在植物造景中的应用

图 5-75　海宁大道设计及实景图 5

图 5-76　海宁大道设计及实景图 6

图 5-77　海宁大道设计及实景图 7

图 5-78 海宁大道设计及实景图 8

图 5-79 海宁大道设计及实景图 9

图 5-80　海宁大道设计及实景图 10

5.7　秀洲区最美绿道入口改造

　　在植物组群模式的指导下，场地入口的植物设计以高大的朴树为骨干树，鸡爪槭、樱花等为中层树，杜鹃、南天竹等为下层植物，桂花、杨梅、杜英等常绿植物为背景树，强调出入口的宏伟气势。树的动态、形态特征和组群与组群之间的位置关系，在各个入口处营造出生动活泼的场景（图 5-81，图 5-82）。

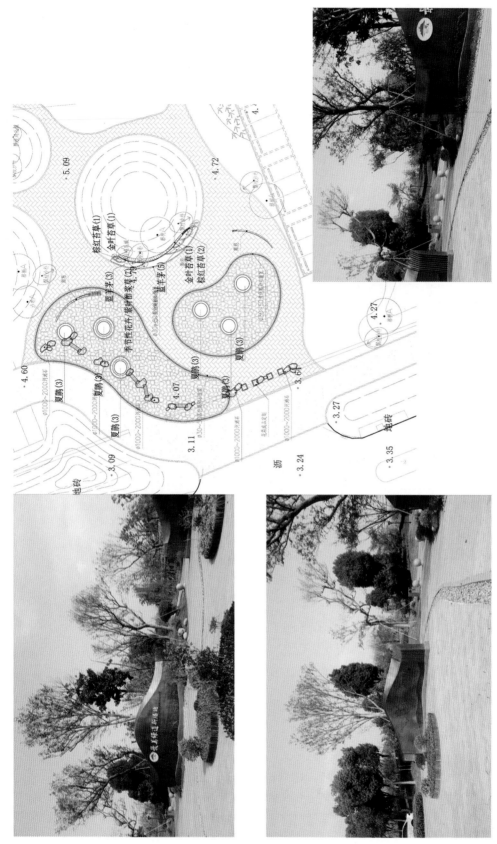

图 5-81 秀洲区最美绿道入口改造设计及实景图 1

图 5-82 秀洲区最美绿道入口改造设计及实景图图 2

第 六 章
结语与展望

通过对杭州市优秀园林植物组群模式的调查研究，从体量与尺度设计、立面景观设计、色彩与季相设计、微地形设计四个方面总结出植物景观的设计方法。但是在调研过程中，发现目前国内植物景观的营造仍存在诸多问题。

植物组群模式，作为现在及未来园林植物造景的主要方式和发展趋势，有其必然性。植物组群模式具有观赏性强、生态效益突出、设计施工操作简化、可行性强、易推广等多项优势，能够解决植物景观营造中现存的问题，并反映出植物造景乃至中国园林建设的基本内涵，她是多年来植物景观建设实践的产物，遵循了科学性与艺术性的统一，也体现了时代性与地方特色的统一。

6.1 园林植物造景存在问题分析

6.1.1 物种多样性不足，配置模式单一

从以上调查的居住区可以看出所用的植物材料最多的不超过 60 种，与华东地区可用于居住区的相对丰富的植物资源极不相称。从居住区常用的植物种类来看，应用频率较高的主要集中在 20～30 种以内，如：香樟、朴树、桂花、无患子、合欢、银杏、杜鹃、金叶女贞、红枫等。由此造成植物种类单一、植物景观单调的尴尬局面。居住区中营造的植物组群结构简单、稳定性较差、配置形式单一。

6.1.2 设计手法较粗糙，理论研究欠缺

大多数景观设计公司，现阶段的植物景观设计往往停留在平面上布置点缀的阶段，缺少对于植物立面景观、植物与建筑关系、植物空间营造等方面的研究与分析，导致建成后的植物景观效果欠佳。

对于植物景观的理论研究涉及实际建设的方方面面，但是其研究水平还停留在较低水平，缺少量化的、系统化的设计与评价体系。

6.1.3 施工与设计脱节，影响设计表达

植物景观的设计与施工往往由不同的公司分别完成，而两者间又缺少必要的有效沟通，造成施工者无法准确理解植物景观设计的立意及最终所要表达的效果，更有甚者，施工者完全抛弃设计图纸，单纯依靠自己的经验或者现有的植物材料进行施工，导致原有的设计无法实现。

6.1.4　养护管理不到位，景观效果欠佳

俗话说：三分种，七分养。在居住区绿化建设中，尽管人们认可养护管理的重要性，但是"重建轻养"的现象普遍存在，养护管理被认为是"光花钱不挣钱"的一环，总被有意无意地置于似有若无的境地，严重影响了植物景观的可持续发展。

6.2　园林植物组群模式的应用前景

6.2.1　丰富生物多样性

美国宾州大学园林学教授麦克·哈格（Ian Maharg）提出的综合性生态规划思想，认为现代园林应由"仿生"自然向生态自然拓展。在日益重视"建设生态园林城市，丰富植物多样性"的今天，植物组群模式以其多样的形式、突出的生态效益、优美的观赏特性等特点成为植物造景的重要方式之一。借鉴自然界的植物群落模式，在丰富植物材料上应加强适应性强、景观效果优秀的野生植物的引种驯化，以维持多样化的植物景观；再者，植物组群要求各类植物的生态配置，乔灌草的有机结合，既能表现植物个体的自然美，又能展示植物自然组合的群体美。植物组群模式的应用与发展不仅符合现代人们对回归自然的追求，更符合了生态城市建设对生物多样性的要求。

6.2.2　提升景观功能

园林植物组群模式形式多样，依据数量、体量、层次、平面布局等特点可以划分为多种类型，不仅在平面上能够营造自然流畅的林缘线，还拥有多层次的丰富立面景观，具有平立面双赢的多样性景观效果，同时还兼具绿化、美化环境，弱化、软化住宅建筑的功能，具备了景观多样性的特点。应用植物组群模式进行植物景观营造，对于居住区整体环境景观效果的提升具有显著作用和积极意义。

6.2.3　顺应现代园林造景趋势

现代园林建设中，提倡生态园林的呼声高涨，"节约型"园林越来越显示出重要性。植物组群模式具有稳定的层次结构，年代越久，其生长越成熟，适应性越强，层次越饱满，景观效果近乎完美，而同时，改建费用大大降低，节约了建设成本，十分符合节约型园林的要求。

西方现代园林中"管则管精，放则放野"的管理思想，对于目前国内园林植物养护管理不堪重负的现状，有很好的借鉴作用。由于植物组群模式追求一种稳定和谐的境界，努力经营自然质朴、富有野趣的意境，就要求种植设计时必须仔细斟酌，模仿自然植物群落进行合理配置，以简化养护、管理工作，体现了生态园林的特色。

主要参考文献

[1] 夏宜平.园林地被植物.杭州：浙江科学技术出版社，2008.

[2] 孙筱祥.园林艺术及园林设计.北京：中国建筑工业出版社，2011.

[3] 柳骅，吕琦.植物景观设计.杭州：浙江人民美术出版社，2009.

[4] 金煜.园林植物景观设计.沈阳：辽宁科学技术出版社，2008.

[5] 夏宜平.园林花境景观设计.北京：化学工业出版社，2009.

[6] 苏雪痕.植物造景.北京：中国林业出版社，1994.

[7] 彭一刚.中国古典园林分析.北京：中国建筑工业出版社，1986.

[8] 杭州市园林管理局.杭州园林植物配置.城市建设杂志社，1981.

[9] 孙靖.组群模式在居住区植物造景中的应用研究 [D].浙江大学，2011.

[10] 池沃斯.植物景观色彩设计.北京：中国林业出版社，2007.